Stardiggers' dream

追星族的天空奇緣

兩支瓶子帶您一起追尋天文夢

吳昌任・林詩怡◎著

序一

　　這本書是台師大傅學海教授的兩位高徒吳昌任、林詩怡夫婦檔的佳作。我很高興有機會能就這本書的內容寫一點評論，因為這本書說明有志願的人有哪樣事不可成功？有興趣的人生活中有哪樣事會不如意？

　　這本逾260頁的書可分好幾個重要橋段。起初是回溯昌任和詩怡少年時對天文的初次接觸和著迷。其中提到詩怡和兩位死黨合起來訂購牛頓雜誌，用來閱讀其中有關天文和太空科學的新知。看到這（還只不過是第20頁）便覺得這一代的年輕人實在太幸福了。想我當年，不但沒有牛頓雜誌，連兩塊錢都沒有。假如你們不迷上天文，實在浪費人生！所以在幾頁之後，看到昌任和詩怡在師大地科系的喜相逢，不由想到這是最合理不過的事。說來巧合，他們二人都是因為聯考數學分數不夠才進入地科的，不無耿耿於懷之感，我自己卻覺得地科系是最難考入的系所。我唸研究所的加大聖地牙哥分校（UCSD），便是以海洋學和地科研究起家，在拉荷亞海岸旁邊的地科院上課的研究生，總是意氣風發，有著高人一等的氣勢。此外，台灣的崇山峻嶺經豪雨後便帶來的土石流和氾濫，以及卡崔娜颱風於新紐奧良市所造成的無比災害，在在都提醒我們要非常看重地球科學的研究。當賴以生存的大地環境受到無可縫補的破壞後，什麼美夢也得放棄。對不起，我是在這裡借題發揮，表示我對地球科學研究和教育工作者的尊崇。再加上行

行出狀元，要不然，我們也不會有如詩怡和昌任這樣的優秀青年，能夠合天文地理於一身，在台灣走透透，合歡山、大雪山、小雪山、新中橫、中和…，上山下海地無處不觀星。書中描述他們萬里遙遙再次到澳洲中部的艾爾斯岩，只為觀賞那緣慳一面的南天星辰和追蹤彗星C/ 2001 Q4和C/ 2002 T7的故事。請想想，有哪幾個人更能夠把大自然當作自己生命的一部份？我想這都是因為他們地科底子的緣故。

書中述及昌任在一次手術前，晚上夢到的都是地球之外的八大行星，無獨有偶的是，詩怡也在做同樣的怪夢，這些特異功能現在是應用在追星族的星八課。我相信看完這章的讀者，晚上做夢都會想著星海羅盤、赤道儀、數位天文攝影相機、導星鏡、魚眼鏡在空中飄來飄去。這些非常紮實的觀星材料，都是昌任和詩怡結合他們二人多年的寶貴實作經驗的精華而成。一定是追星族入門必備之書，也是天文老師和行家們的重要參考資料。

這本獨樹一格的書，事實上也是側面紀錄了台灣追星族在近年的發展。一些在象牙塔中不食人間煙火的天文學家，大概尚未領略到社會大眾和媒體對天文新知的渴求。昌任和詩怡以參與者的身分描述每次的流星雨、彗星和火星奇景，都是弄得人山人海方才落幕。這是一件很好的現象，很值得教育部和國科會思考，如何將民眾對天文和太空科學的好奇心，提升為國家追求科技發展的原動力。

看完這本書有個感覺，便是自從昌任和詩怡進入師大唸書後，便好像沒有一天閒過。除了到處奔波，天南地北的快樂觀星外，還舉辦各種天文集會的講座。書中提到我回到中央大學不久後，便受他們邀請，作了一次有關行星的演講，光陰似箭，眨眼便是

七年的功夫，我自覺一事無成。但昌任和詩怡二人的成長和成就可是叫人驕傲。可以特別一提的，有第一本本土天文雜誌《觀星人》的刊印、台北市天文學會通俗天文講座的舉辦，以及台北市永和社區大學成人教育的「星星月亮太陽」天文學課程的開課。在在說明他們對天文學和科普教育的熱忱，實在不愧為傅學海老師的學生。但這一切對昌任和詩怡來說，可還只是開始。因為他們（大概是看到流星的時候）許下幾個願望：一個便是要設立一個行動天文台，全台走透透，用來把天文知識介紹給在都市之外的廣大民眾；一個便是高山遠端遙控天文台，以求改善國內中小學生學習天文學的環境條件。這些都是很重要的想法。事實上，行動天文台的有無，很可能便是一個社會之國民教育是否發達和教育水平是否尚存有很大的城鄉差距的指標。而遠端遙控天文台的概念，現在更演化成一個全球命名為Hands-On Universe (HOU) 的計劃。有興趣的讀者，可以參考網站http://www.handsonuniverse.org。這裡希望昌任和詩怡可以開風氣之先，集合國內地球和天文教師的龐大力量，把這個高質量的天文數據網上教學方法引進台灣，並促使台灣參加這個國際組織。真的，就是有這麼多的事情需要年輕人來做。

當我唸到第109頁，昌任和詩怡用綠光雷射筆的光束認定星星的位置時，腦海中不禁想起以前讀到的武俠小說中，說到一些劍俠把江湖恩怨了結後，便到雲深不知處的高山隱居。山下凡人偶爾在晚間看到閃閃青光，才知道他們正在論劍，用以養性怡情。這種意境，和昌任、詩怡及他們一同披星戴月的同好的逍遙生活很是相似。但是塵世間事何時了，光HOU一事便夠忙一陣子了。好吧，我們便說定了！

國立中央大學天文研究所教授
葉永烜

5

序二

　　星空，一直是迷人的，而且一直在哪裡呼喚著，呼喚著追星族，呼喚著昌任、詩怡這種天文迷。他們無法遏制心中的呼喚，攜帶著輕重裝備，遠赴高山、海外，尋找光害最少之處觀賞星空天體，並將之拍攝下來成為夢裡相思的回憶，也與眾人分享星空之美。

　　昌任、詩怡是台灣少數橫跨專業與業餘界線的天文愛好者。他們除了拍攝天體，也進行許多制式外的教學活動、推動天文風氣，而且在深度上著力頗深，目前正完成一座遠端遙控且具有連動功能之商業等級的圓頂天文台。看著他倆合著的《追星族的天空奇緣》，竟恍然像是看著自己過去十年間的一部分，才突然了悟在不知不覺間，與他們兩人有如此長時間的重疊，共同推動了許多天文事，混雜了彼此的部分夢想。

　　大約在十年前，與一批中學老師們，從課堂教學開始，一起進行過許多事，從天文觀測網、河瀚讀書會、天文實驗室、樂觀讀書會、永和社大，一路走來，有些激情已經淡去，有些仍在細水長流中。《追星族的天空奇緣》為過去的所作所為留下了部分的「雪泥鴻爪」，留下了一些白紙黑字的「歷史見證」。

　　十多年來的經驗與體認，我深深覺得昌任、詩怡他們處在我這一代與現在這一代年輕人之間，顯示了三代的某些特質。我這一代秉持了尊師的傳統，即使如我這般有叛逆個

性的人，也大都盡心盡力執行所交付的工作。但是新一代年輕人，則大都擁有強烈的自我，對自己想做的全力以赴，但是對老師所交代的事務，如果不獲他們認同，除非老師強迫，否則他們不會進行而任其擱置。昌任、詩怡他們這一代，有自己的夢想，逐夢踏實；如果我說有什麼事要做，他們也不太質疑，而盡心去做。天文實驗室、樂觀讀書會、永和社大，都是在這種情況下，一一實現落實。

「有事，弟子服其勞」的時代已經遠颺。現在的老師，無法像過去一樣將學生視為沒有個性的主體，須以理服人，而非以師道之尊壓人。但是，我也要勸現在的年輕人，不是所有事情都必須獲得你個人的認同才能進行。人生在世，除了個人興趣志業，還有一分責任，與對他人的牽掛。我非常感謝昌任與詩怡兩人，沒有他倆，就不會有一些現在看起來有所成、有所得的事。

近年來，台灣本地人所撰寫的天文書籍漸多，是可喜的現象。但是大都為介紹天文學、天文觀測或如何觀星之類的書。這本《追星族的天空奇緣》前半段卻是與眾不同，抒發了兩人的追星歷程與夢想，混合了相關人士的「片羽」，帶動了本書的獨有的風格。風格中有情，文筆雖淡卻見情深。

當然，一本天文書，如果沒有天文儀器、設備、觀星，哪叫天文書。昌任、詩怡兩人不是要寫一本散文，而是一本天文書。書中當然有「工欲善其事，必先利其器」的「星八課」，教你如何使用星座盤辨認星座、黃道十二星座與星占學、望遠鏡的種類、雙筒望遠鏡的奧妙，甚至連綠色光束的雷射筆都提到了。

有了望遠鏡、赤道儀這些觀星利器，要讓它們發揮功效可不容易。這方面，昌任、詩怡可是從大學時候就開始接觸了，經過這多年，早已成為箇中好手了。說來慚愧，我這個老師在這方面是遠遠比不上學生，只能說說。就像打撞球一樣，說起來頭頭是道，打起來可是一塌糊塗。他倆在本書中，配合畫面，一步一步詳實鋪陳，任何有心人都能依據圖文，照表操課，完成基本的望遠鏡架設與觀測。

　　俗話常說「師父領進門，修行看個人。」剩下的當然就是練習、練習、練習，達到熟能生巧的「天文望遠鏡達人」。

　　喜歡星空的人，遲早會想要拍攝美美的天體影像。而且，一旦開始，幾乎會有一段長達數年的狂熱期。望遠鏡、鏡頭、相機、快門線、底片、赤道儀、追蹤馬達、極軸望遠鏡……要一一了解，並能上手成為「達人」可不是一件輕鬆容易的事。嗯，對這種人，其實不用多說，他們自能在摸索、試誤中，快速精進，大約一年左右，也就成為老鳥了。但是，好的望遠鏡操作說明，在初始階段，仍有相當助益。

　　時代一直在進步，天文觀測與攝影也已經進入數位化的世代，望遠鏡自動導星技術也已經屬於成熟產品。作者兩人也花了一些篇幅，敘述這些最新的技術與事後影像的處理。

最後一課「失敗為成功之母」，真是過來人的經驗結晶。成功就是一連串失敗的過程所累積而成的。我個人認為，這本書最有價值的一點，是在描述步向峰頂的路上，伴隨著一些跌倒、錯腳、烏龍的親身經歷，顯示失敗是每一個成功者的經歷，而且越成功的人，所經歷的失敗也越多。

看著學生成長、成功、出人頭地，心中自有喜悅，很高興昌任、詩怡兩人願與我分享他們出書的喜悅，相信他倆在未來仍有值得與我們分享的逐夢之旅、之情。人的一生中，能獲得知己的不多，既是伴侶又能志同道合共逐夢想的更少。昌任、詩怡能得兼兩者，真是人生一大快事。讀他們所寫的《追星族的天空奇緣》，恍若往事就在眼前，十年歲月霎時掠過心頭，翹首來時路，竟也走了長遠的路。這條路仍然蜿蜒崎嶇，走來仍然興趣盎然，精采好戲才正要開始……。

國立臺灣師範大學地球科學系副教授
傅學海

緣起

　　有人說我們兩個是天文迷，但我們認為「天文狂」這個稱號會更貼切些。

　　對天文的喜愛程度，幾乎佔滿了我們的生活。平時忙著製作天文教材，寒、暑假忙著籌辦天文活動，就連週休二日難得的好天氣，也只想到我們常去的大雪山森林遊樂區、玉山國家公園、合歡山等地拍星星。除了這些地方，實在想不出來還有哪裡好玩，翻遍了市面上的旅遊雜誌與書籍，甚至有

好幾次在週五晚上熬夜到介紹旅遊的網站上瀏覽、尋覓，就是無法找到其他符合我們需求的去處：一處晚上要有滿天星斗，可以讓我們拍星星的地方！這還不夠誇張，連蜜月旅行的規劃，也只想到能不能拍到不一樣的星空。對我們而言，如果看到天上點點繁星，卻沒有帶望遠鏡，就連蜜月旅行都可能會因此而玩得不盡興！著手寫這本書之後，一點一滴的將往事回憶一遍，才發現天文早已深植我們心中，不管小時候有沒有機會接觸，最後還是會走上這條路。

　　本書所呈現的，就是我們兩個對天文的痴與狂，不只是星星，還有一些感覺、經歷與想像。希望讀者們能用看故事的心情同遊我們的天文夢，同時保有對生活的熱情，持續追尋屬於你自己的夢，這應該就是身為人類最大的幸福了。

　　書末的「星八課」是我們的職業病。對從事教職的我們而言，能讓大家看書就學會觀星與攝影的方法，便是最大的快樂與成就！所以我們將觀測時的親身經驗，以及一些小技巧都寫在裡面，希望大家能跟著這些步驟，慢慢進入這個美麗星世界。

　　本書的完成首先要感謝永和社區大學「星星月亮太陽」課程的學員兼朋友──韻如，她的熱心推薦與強力推銷，催生了我們兩個走入天文領域十年來的第一本書，還要感謝負責接生的主編，她對我們的超級耐心等待與信心，是

凡人所沒有的。期許我們在十年後，可以完成第二本書，好提醒自己在每個十年裡，都要有所成長。而我們能在天文世界中如此自由、自在，就要感謝一路上支持我們倆的爸、媽，對於我們從大學時代開始，凡是遇上假期就往山上跑，沒有任何的抱怨與質疑，甚至有一次因為用車時間重疊，老爸還先載我們到大雪山，堅持幫忙一起徒步搬器材到天池旁，自己才又開下山去茶山買茶，隔天再回來接我們，這樣一來一往光是山路就至少有100公里！一趟下來，每次老爸跟朋友喝茶聊天時，都會笑笑地說我們是兩個瘋子，居然願意跑這麼遠，到高山上去受寒，就只為了要拍星星。

其實，要感謝的人好多，每個人都是一段因緣際會，直接或間接讓我們在天文的路上走得順利：師大地球科學系的傅學海教授——從大學時期就受到傅老師的薰陶至今，是他對推廣天文教育的熱忱感染了我們，也是他放心地讓我們接手幫忙通俗天文講座、天文實驗室、天文營、社區大學天文課程等活動籌畫，讓我們得到更多的磨練；曾世佑——佑子學弟，雖然是學弟，但是在天文攝影上，他可是我們的第一位私人教練；莊孝爾學弟和廖克權學弟，在他們還是青澀的高中生時，我們就認識他們了，現在孝爾已是師大地科系的研究生，克權也是系上的大學生啦，他們幫了我們不少忙，也經常與我們一起討論天文、一起上山拍星星，更是我們的開心果，會陪著我們作夢；王靖

華學姊和邵慶宇學長，也曾是我們一起上山拍星星的好伙伴，雖然現在很少聯絡，但想起以前，心頭總是覺得暖暖的；擔任高中地科老師的翁雪琴學姊，在我們還是研究生的時候，就找我們去帶高中的天文社團或營隊，讓我們增加不少功力；也是高中地科老師的江玉燕學姊，帶我們加入教育部學習加油站的高中地球科學教材資源中心計畫，因此我們才開始接觸利用電腦製作多媒體教材；還有另一個高中地科老師周家祥學長，如果不是他的轉介，我們也不會在念研究所時，完成第一本翻譯書；天文同好楊正雄先生，本身也是瘋狂追星族，他讓我們有了第一次上電視的難得機會，雖然只是短短的幾分鐘，卻讓我們體會到社會大眾對天文的好奇與憧憬，也才發現我們還有很多事要去做。其他還有許多未能一一提及的人，真心感謝曾經幫助過我們、與我們一同享受星空之美的每個人！

　　說著說著，所有的畫面彷彿又出現眼前，該讓大家看看我們的故事囉～

目
次

在玉山國家公園夫妻樹拍的北天星跡。

astronomy **1** for you

兩支瓶子的巧遇

布魯斯·格雷森(Bruce Greyson)：「不要害怕你的生命會結束，而要害怕它從未開始。」

這段天空奇緣，要從我們倆小時候談起。

家裡相距兩百多公里的兩個人，沒想到會因為星空而在一起，而且在許多的想法和興趣上，又是臭味相投，一拍即合。我們的故事，是一連串追星的故事，再加上一些意外的驚喜，就成了兩個同為水瓶座的人，持續快樂的泉源。

天文種子的萌芽

天文，對於每個人似乎都有著説不出來的吸引力，尤其是無憂無慮的小孩子，好像一生下來就設定好了要當這個世界的探索者，每看到一閃、一閃亮晶晶的星空，就會東指、西指，用臭奶呆的聲音問大人：「那是什麼？」「為什麼會……」

star

1986年，是哈雷彗星最近一次造訪地球的一年，對於國小高年級的我們來說，銀河，聽說過；彗星，聽說過；北斗七星，也聽說過。但是，能否親眼看到這些心目中的「奇景」，無論身在台北或嘉義，都以為那是不可能的事情。當時的資訊不像現在發達，對於看星星的要訣從未得知。也因此，腦海裡總是有個自我矮化的屏障擋在那裡，以為這些美麗的星空只有在國外才看得到，從此沒想過要抬頭好好地看看這塊土地上的星空！就像是當時的電腦，聽說很好玩，卻只能在別人家裡才看得到一樣的感覺。

就在這樣先入為主的觀念下，小時候的夜空，似乎總是飄著幾朵白雲，而雲縫中的灰黑色背景，「應該」沒有星星的蹤影。現在回想起來，當時台北的光害還不是這麼嚴重，但是門前的路燈、街上的招

中和家門口的獵戶座星跡。

中和家附近停車場的天蠍座。

牌，同樣奪去昌任想看彗星的念頭。對詩怡來說，印象最深刻的，就是努力說服媽媽買到生平的第一本天文書，那是一本介紹哈雷彗星的專刊，看著書中的照片，只能暗自感嘆無緣親眼看到彗星。

升學主義掛帥的時代裡，國中

童軍課要是能實際打個繩結、升火烤烤肉，就算是很了不起的了。大多數藝能科時間，都被用來加強課業，學校更不可能在假日晚上或寒、暑假舉辦夜間觀測星星的活動。和我們同樣是六年級的同學應該都有類似的回憶吧！就這樣，曾經對星星的熱情，被升學壓力擠壓到沒有生存空間。還好，偷偷藏了一絲殘火在心中的角落，等待時機延燒開來。

巧遇在師大地球科學系

高中時期的詩怡和克林、大媽兩位死黨，一起出錢合訂牛頓雜誌，覺得每人每年可以看到完整十二個月份的雜誌，還可以分到四本雜誌收藏起來，實在很划算。每次收到雜誌，三個女生就會擠在一起看，對著雜誌中的星空照片、宇宙新知等天文話題指指點點。有一次在校園內看到參觀 NASA（美國航空暨太空總署）的暑期營隊活動海報時，詩怡心中雀躍不已，但是費用實在太高，最後只能繼續看著雜誌，望梅止渴，幻想自己就是照片中的天文學家。現在回想起來，不禁莞爾一笑。每個人小時候應該都曾有過這種偉大的志向吧！長大後，這個夢想沒有實現，卻實現了另一個夢想——當老師。

從高一開始，昌任就對數學產生恐懼感，每次考試最差的就是數學。大學聯考第一天的第一個考試科目，偏就是數學。雖然已經做了該有的準備，很奇怪的，一看到考卷，恐懼就油然而生。其實當天看到考題時，心中有些興奮，也有些忐忑不安，原本最擔心的科目，似乎不是很難。可能因為如此，回家對答案時才發現，由於興奮過度，竟然有將近20分的答案因為最簡單的加減乘除而算錯了，心中鬱卒了好久。而詩怡的數學，也是犯了粗心大意的致命傷，變成所有科目中考得最差的一科。繳交志願卡的日子一天天逼近，考量自己的興趣和爸、媽的建議，我們都將師大放在志願卡上最有可能的位置。錄取成績公布後，原本昌任以為進了師大化學系，心想至少還是個蠻感興趣的科目，但仔細一看才發現，雖然總成績在錄取分數之上，可是數學加權計分後，還是進不了化學系。又是可惡的數學搞的鬼！

人馬座的礁湖星雲M8（圖下方）與三裂星雲 M20（圖右上方）。

就這樣，高中時代令我們感到困擾的數學，反而將我們兩個送進了另一個美麗境界──師大地球科學系，從此踏入快樂的天文領域。

天球赤道附近的星跡。

astronomy **2** for you

星路歷程

連北斗七星都不會認的兩個人，
從來沒想過會走進天文這個美好的世界。

　　聯考分數，註定讓我們一起到師大地球科學系，接觸夢寐以求的天文課程。不會看星星的都市孩子，第一次體會到台灣星空之美，也讓兩個瓶子從此沈浸在星空中。大二的天文實習課就像是國術的馬步，是跨入天文的基本功，而昌任老爸贊助的單眼相機，則是一切的開始。

star

北斗七星是只是西方星座大熊座的腹部到尾巴的部分而已，中國古代認為北斗七星是皇帝的座車。

開陽雙星

北斗七星

首度接觸天文

其實，地球科學系在我們大學聯考時代算是個冷門科系，對於高中第一志願畢業的人來說，似乎不太風光。直到開學後，開始享受真正的大學生活，尤其是每個學期至少一次的野外考察活動，才讓我們身上被積壓已久的好動基因，有機會活絡起來，漸漸慶幸當初自己的數學考砸了，進到這麼一個最適合我們的科系。

大一對於天文方面的學習，僅有修習地球科學概論的那幾個月時間，感覺上天文就像是一杯烏龍茶，硬是要

你在短時間內馬上喝下去，會是一種折磨，但是如果細細品嚐，每一小口的回甘滋味都是人生一大享受。既期待又怕受傷害的天文學課程，在大二下學期才正式展開，而在大一下學期就已經是地科系特產班對之一的我們，在星路歷程上，同時開始（每次說到班對，不免要很驕傲地告訴大家，我們全班36人，有7對班對在畢業後陸續都結婚了喔）。

運氣很好的是，輪到我們這一屆上天文學概論與天文學實習課程的時候，傅學海老師剛學成歸國，對於我們這批大學生要求很嚴格，再加上當時學制的關係，我們上了足足一整年6學分的天文課程。從天文學到天文觀測、天文分析實驗，都在一年內逐步學習，也因此比別人有更多的時間好好從基礎攝影學起。從自己分裝底片、沖片，到利用暗房設備洗出第一張自己拍攝的相片，以前那些專業人士才做得到的

織女
天津四　　牛郎

第一次在中正紀念堂拍夜景成功之後，我們特地跑到中和烘爐地的停車場再拍夜景，注意看看照片中，還有夏季大三角的星跡喔！

事，居然都會了。當然，這一切的源頭，都要來自於一台屬於自己的單眼相機。

聽傅老師說，天文攝影需要一台機械式單眼相機，昌任回家後向老爸提及這件事，才憶起小學時代的往事。從前家中有台很好的Canon單眼相機，但是在二十幾年前中和的六三水災中泡湯了。往事歸往事，老爸馬上答應讓昌任去挑選一台適用的單眼相機。真的要感謝老爸對於孩子在學習上的需求總是毫不吝嗇。

當時的我們對於攝影器材認識不多，看了看攝影雜誌，很滿意地開出了一張購買清單：Nikon FM2機身、50mm f/1.2標準鏡頭，心想，如果再加上一支300mm f/2.8的望遠鏡頭，那就什麼都可以拍了。沒考慮到價錢的問題就列出這張清單，直到訪價後才發現，那一支Nikon 300mm f/2.8的鏡頭就要將近20萬台幣！最後，老爸阿殺力的出錢買了機身與標準鏡頭，這套器材就成了我們踏進天文攝影最重要的基本裝備。至於300mm f/2.8的鏡頭，以後再說吧！

為期一年的天文實習課程，逐漸進入尾聲，但也是最令我們興奮的大雪山觀星活動來臨的時刻。昌任在高中時代就很想要參加登山社所舉辦的活動，但是基於安全考量，總是無法獲得爸媽的同意。現在雖然我們不是步行登山，但是終於可以名正言順的去享受一下高山的氣息，更希望能藉此機會拍下以前所不敢奢想的星空。

星星會因為地球自轉而看起來東升西落，如果只是將相機鎖在腳架上長時間拍攝，拍出來的就是星跡照片了。這樣的照片很美，但就是少了點專業的感覺，也無法讓星光累積在底片上同一點，而拍出更暗的天體。要拍出一點、一點漂亮星點的星座照片，就要會操作能追著星星跑的赤道儀。天文儀器的操作，就像是學開車一樣，多次練習會比同一天練習好幾次有效，而且每次練習時，最好都有教練在旁，立刻改正錯誤的動作，這樣進步最快速！高中時代就已接觸天文攝影的學弟——佑子，就像汽車駕訓班的專屬教練，讓我們對赤道

這是我們第一次從系上的TP2415黑白底片盒中捲片拍出來的月亮，也是我們第一次自己沖片、增感的作品。TP2415底片的反差很大，很適合拍攝黑白分明的月面。

28mm廣角鏡拍的大、小北斗七星，你也可以參考第24頁的照片，試著找出北斗七星吧！

北斗七星

小北斗七星

儀的機械構造和對極軸的功夫，短時間內增進不少。還沒上山，兩人已經摩拳擦掌，躍躍欲試了。

連作夢都是天文

就在大二升大三的暑假，昌任莫名其妙得了「自發性氣胸」，原本以為插管引流就可以解決的問題，到最後竟然需要全身麻醉，動胸腔外科手術。以前曾聽說，人在面臨生死關頭時，會看到最令人懷念的景象。手術前一晚，昌任在病床上夢到的，不是與家人的相處畫面，而是傍晚站在師大地科系的平頂天文台旁，看到地球之外的八大行星，像氣球般漂浮在附近房子的樓頂，上上下下緩慢移動著，似乎在引誘著人們去注意它們。性急的昌任馬上衝下樓去拿相機，不過卻因為沒找到底片，只能拿著相機傻在那裡苦笑著欣賞。說也奇怪，

大犬座星跡，最亮的那條線就是全天第一亮星天狼星。

秋天銀河，裡頭有秋季星空主角——神仙一家族的仙后座、仙王座、仙女座、英仙座與飛馬座等，照片右上方最亮的那顆星是木星。

飛馬座四邊形

木星

仙王座

仙女座

仙后座

手術後隔天，昌任與遠在嘉義的詩怡通電話時，還沒說到他所做的怪夢，詩怡竟然說她夢到八大行星，一大顆、一大顆的並排在天上，夢中還趕緊叫昌任過來看，可是還沒找到昌任，奇景就逐漸消失了。說實在的，夢到這樣的景象時，昌任倒是很擔心這是不是上天在暗示他，將不會在隔天的手術後醒來。還好手術一切順利、平安，開學前就出院了，兩個人也才能再到山上拍星星。當然，再怎麼拍也拍不到我們夢中這樣的場景。

天文就這樣偷偷植入我們的潛意識之中，從分隔兩地的人，夢到不是對方，而是同一個天文景象，就可以體會到這兩個天文狂能夠持續在一起的原因了。

雪山夜未眠

終於到了期待已久、生平第一次的天文觀星活動，地點是台中縣大雪山森林遊樂區。

出發前，傅老師在遊覽車上一再檢查我們這些菜鳥的禦寒裝備，深怕年輕力壯的小伙子會因為逞強而帶得不夠，在山上受凍了。

到了大雪山國家森林遊樂區，大家馬上將「貴」、「重」的天文儀器從停車場搬上天池。因為這次觀星活動所拍得的作品，也是天文實習課的作業之一，所以班上同學都抱著必勝的決心，把師大地科系天文台裡可以搬動的儀器全都帶上山。在山下慶幸搶到重裝備的同學，這時候就搬得很辛苦了！不過，為了能拍到最好的影像，大家也都卯足了勁，咬緊牙根，在高山稀薄的空氣中，喘著氣，分次來回的搬運器材。

日落前大雪山森林遊樂區停車場的眉月。

大雪山森林遊樂區鞍馬山莊的夕陽。

大雪山森林遊樂區天池旁瑞雪亭的南天星跡。照片中最亮的那條線是全天第二亮星——老人星。這些星跡的圓心就是天南極，由照片看來已在地平線之下，所以位於北半球的台灣是看不到天南極的。

　　當晚，我們是班上唯二的整夜未闔眼、撐到早上的兩個人。坐在雪山天池旁，冰冷的碎砂石子地上，等著相機長時間曝光時，對照著天文攝影前輩陳培堃先生的《玉山的星空》一書中，真實照片與透明投影片上的星座連線，很貪婪的希望能辨認出所有在地平線上的陌生星座。除了這些，我們還用人工手動導星的方法，拍攝夢幻的馬頭星雲。眼睛緊盯著導星目鏡中的小小星點，手上拿著控制器，按著按鈕，小心翼翼地移動星星，希望它能乖乖的回到原來的位置，就像是打了半小時的電動玩具一般。同樣是在冷氣

夏季大三角

由於我們第一次上山時是冬天，所以傍晚天剛黑就趕快搶拍即將西沈的夏季大三角。

房的溫度裡，打電動可以吃香喝辣，偶爾伸伸懶腰，導星的時候卻是一動也不能動，手中還要握著冷冰冰的控制器，雖然沒有打電動的快感，但是期待能照出一張成功作品的心情，卻讓人有更多的動力。這種土法煉鋼的導星方法，是我們剛開始進入天文攝影的兩、三年當中最常用的，對於現在已經能夠使用自動導星設備的我們

來說，當時的毅力與努力，自己回頭看來都覺得不可思議。

時間就在認星座和打電動的過程中流逝了，曙光漸漸遮去了星光，這才驚覺夜已經結束，此時真希望我們是在極圈之內，可以

這是我們第一次用人工導星撐了半小時所拍到的獵戶座鳥狀星雲M42，星點還是有跑掉，這是第一次拍下較高難度的星雲，至少看得出是一隻鳥。雖然這隻鳥和我們一樣菜，卻讓我們高興了好幾天呢！

這是我們後來比較有天文攝影經驗後重拍的獵戶座鳥狀星雲M42，當時器材設備還不算好，所以仍是用人工導星，不過已經可以看到媳婦也有熬成婆的一天喔！

擁有24小時的夜晚，甚至希望地球可以不要轉動，讓我們可以擁有永恆的星空！

第一次觀星，我們飢渴地拍了許多照片，其中當然也會有失敗的作品。沮喪之餘，想起傅老師曾經說過：「如果擬定的拍攝計畫當中有十分之一能實行的話，那就成功了！」就是這句話，讓我們對失敗的作品不致於太失望，反而對未來更有信心，所以在接下來的每個農曆月初、月底，我們就帶著老爸贊助的相機，開著老爸細心保養的轎車，載著向師大地科系借用的赤道儀往大雪山跑。那幾年，大雪山幾乎就是我們週末的唯一去處，拍星星也成了我們週末的唯一娛樂，縱使遇到壞天氣無功而返，縱使電動車窗故障而無法關閉，都當作是另一種特別的經驗，甘之如飴！

一圓彗星夢

原本以為要撐到八十幾歲才能完成的彗星夢，竟然在接下來的兩年內實現了。

1996年的百武彗星

學會了天文攝影，也真的拍下星座、星雲照片之後，成就感油然而生，但是卻也開始擔心，會不會像莊子所描述的朱泙漫，向支離益拜師習得一身屠龍技之後，下山卻苦找不到龍可以屠的窘境。

如果這次拍攝星座失敗了，下次還可以再拍。但是要見到兒時記憶中哈雷彗星的壯觀景象，只能祈禱自己能撐到那個時候了，到時還要搬得動望遠鏡才行呢！還好，就在我們學會天文攝影後不到一年的時間，國外相繼發現兩顆大彗星：百武彗星與海爾‧波普彗星，分別在1996年與1997年到達觀測的高潮。

根據預測，1996年3月23日最適合觀測百武彗星，這麼好的機會當然不能錯過。雖然我們不是政治迷，但是當天正好是台灣第一次直選總統的日子，正在煩惱要留下來看投票結果還是要上山去拍彗星的時候，老天為我們做好了選擇：天氣不佳，只能乖乖留在台北。

但是，我們這種人是不會輕言放棄的。

隔週的星期二，3月26日，全台天氣忽然放晴，再加上彗星觀測傳來好消息：百武彗星的尾巴持續增長中，而週三凌晨有機會達到最長，更讓我們雀躍不已。

窗外的豔陽，搭配著星期二早上的四節課，讓我們想去拍彗星的心，像是被五花大綁一般的難受。中午一到，脫韁野馬立刻飛奔回家，開車回到師大載儀器，連中餐也是隨便吃吃，就驅車直奔中部山區。

開到台中附近，滿天的對流雲，讓心中一片冷，心想運氣真是差，怎麼天氣又不好了。皺著眉頭看了看雲，想起之前聽同學說過，新中橫塔塔加也是不錯的拍星地點，就這樣，我們決定再往南部前進。

因為路況不熟，行車速度較慢，從嘉義沿著台18線上到阿里山森林遊樂區的大門口，已經是晚上7點了。天色慢慢暗下來，雲洞中不小心露出來的幾顆星安慰著我們，但還不是想像中的好天氣。只好繼續往新中橫的方向走，眼前的情況更是讓原本稍微回溫的心不知降到零下幾度C。

才向前開沒多久，眼前竟是一片伸手不見五指的大霧。霧氣之濃，即使打開老爸特別加裝的喜比霧燈，也只能看到車頭前方大約10公分的道路以及路旁一點點的反光標誌。

閃著障礙燈，車子只能龜速前進，除了音響的聲音，只剩下兩個呆住的人，心想著又槓龜了⋯⋯但是誰都不願先說出口，深怕一語成真，寧願憋在心裡，也不願說出來潑對方冷水。

就這樣全神貫注於路況，也沒有去注意時間，到底開了多久，現在還是想不起來。只記得就在某個瞬間，車子像是穿過了一道厚厚的棉花牆，眼前忽然一片清澈，總算能體會陶淵明「柳暗花明又一村」的意境。

百武彗星的頭部特寫。彗星除了隨著地球自轉而東升西落，還有自己本身的移動速度，所以，當我們追著彗星拍攝時，星星反而拉出一條條的軌跡。

百武彗星全長，可惜我們只拍了肉眼所見到的長度，傅老師告訴我們如果能再往後多拍幾張，還可以拍到看不到的彗尾，最後接起來就很壯觀了。照片中央就是北斗七星，可以當作比例尺。

北極星

百武彗星與地面物，照片中小北斗七星的斗柄最後一顆亮星就是鼎鼎有名的北極星，看起來百武彗星好像衝向北極星，這只是視覺上的錯覺。我們拿這張照片去參加教師旅遊攝影比賽，很幸運地贏得了一部小型防潮箱喔！

沒有了濃霧的阻擋，看看路邊的標示，也已經進入了玉山國家公園境內，距離塔塔加應該不遠了。此時只想要加速前進，趕快找個可以停車的地方，先好好看一眼彗星再說，不然，等一下再起大霧的話，那就真的要保佑自己能活到八十幾歲了。

經過幾個彎道，眼前出現一處停車場，不管是不是傳說中的塔塔加，先把車子停下來再說。

拉起手煞車，大燈還沒關，還坐在車內的兩個人就拚命蒐尋彗星的蹤跡，正前方出現一團拳頭般大小、霧霧的東西，興奮與疲勞交加的昌任忍不住大叫：「哇！好大的星雲！」（事後揭密：此時昌任還想著這是我發現的星雲，可以稱為「昌任星雲」吧），詩怡馬上給了昌任一個切

在玉山國家公園石山停車場拍的天蠍座，照片中央偏紅的星點是天蠍座的心臟，中國古名「心宿二」。由於心宿二出現在夏天夜晚，通常較易因天乾物燥而發生火災，所以又被稱為「大火」。照片中可以看到天蠍的尾巴浸在非常濃厚、明亮的銀河之中。

 百 武 彗 星（Comet Hyakutake,C/1996 B2）

這是由日本業餘天文學家百武裕司，在1996年1月30日利用25x150的Fujinon雙筒望遠鏡（放大倍率25倍，口徑150mm）所發現的彗星，編號為C/ 1996 B2，又稱百武彗星（Comet Hyakutake），可惜百武裕司在2002年4月病逝，享年51歲。百武彗星在1996年3月26日最接近地球，距離只有0.1 A.U，也就是地球與太陽距離的1/10，當時從地球看百武彗星的亮度達到-0.2等，比現在看到的織女星還要亮一些呢！除此之外，百武彗星的超級尾巴約有90度之長，整個天空也才180度，它的尾巴就橫跨天空的一半左右！再加上百武彗星在最接近地球的前後時期，位於天北極附近，變成了一整個晚上幾乎都可以看得到的繞極彗星。

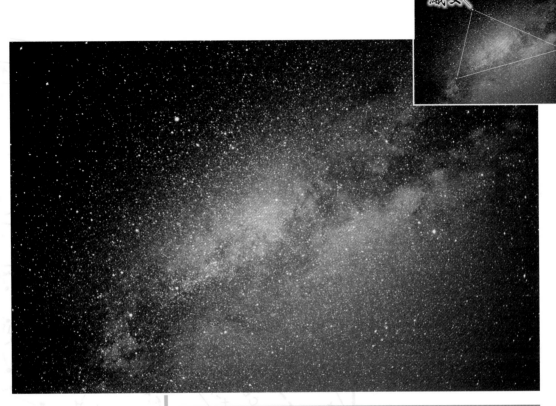

織女

牛郎

在玉山國家公園石山停車場拍的夏季大三角，可以看到可憐的牛郎和織女被銀河分隔兩地。

芭樂，說：「拜託！沒聽過有這麼大的星雲！那就是百武彗星啦！」一時還搞不清楚狀況的昌任趕緊把車燈關了，兩人抱著期待的心情走出車外，眼睛慢慢適應黑暗的環境，這才漸漸看清楚彗星的尾巴，劃過天空竟然有四、五十度之長！

我們的運氣真的很不錯。當天的百武彗星就在北極星附近，而這個不知名的新停車場正好面向正北方，樹木都還只是樹苗，完全不會影響拍攝百武彗星的視線。

都市的上弦月比不過一盞盞的路燈，古人能藉著月光苦讀也太誇張了吧！之前我們都是這樣想的。當天正是農曆七日，在高山上，我們的影子卻清晰可見，這

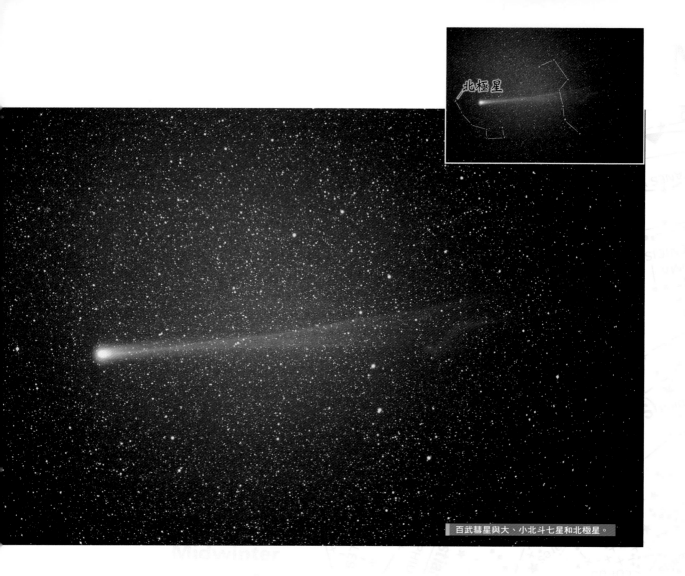

北極星

百武彗星與大、小北斗七星和北極星。

啥米
玩意

彗星的編號

以百武彗星為例,發現者是百武裕司,所以除了編號之外,仍以發現者的名字(Hyakutake)作為命名。編號 C/1996 B2 代表什麼意思呢?第一個字母 C 代表長週期彗星或非週期性彗星;若為 P,則表示是週期小於200年的彗星,通常 P 的前方還會有數字,代表這是第幾個被確認的週期性彗星;若為 X,則表示是軌道尚未被確認的彗星;若為 D,則是可能撞上太陽或其他天體而已經消失的彗星。1996代表發現年份,B代表發現月份,每個月分為上半月與下半月,各以一個英文字母表示,在26個英文字母當中,去除容易與數字混淆的 I 與 Z,還有24個字母,剛好可以用在12個月當中。最後的數字2表示這半個月內被發現的第幾個彗星。

樣的月光對於天文攝影影響當然不小。拍了幾張月光下的彗星照片後，就希望月亮快快下山了。

果然，無意插花的月亮躲到西方山頭之後，天空就恢復了懾人的黑暗，星星一顆顆冒出來，原本已經讓我們很滿意的彗尾，這下子看起來更長了！不囉唆，趕快取景，按下快門，拍啊！

左拍、右拍，在有限的裝備之下，再怎麼拍也就是這個樣子。當時還真有些看膩了，詩怡提議拍個百武彗星與地面景物的合照。當我們擺好相機、選好角度開拍之後，一輛汽車就這樣出現了，遠光燈從身後把儀器照得通亮，混亂之中來不及將鏡頭蓋蓋上，心想：「這張底片毀了，一定曝光過度了！」真想把赤道儀上的重錘拆下來，回首往這輛冒失鬼的車子丟去。不過，我們最後還是堅持繼續拍攝，想看看會有什麼結果。下山後把照片沖洗出來，才發現地上的芒草因為這輛車的遠光燈照射而呈現原有的色彩，讓整張照片更有看頭！真是感謝那位飆車族啊！

這是個奇異的夜晚。雖然身在海拔2600公尺的高山上，卻一點也不感覺冷。第一次看到彗星的興奮，加速血液循環，應該是原因之一。但是一整晚被靜電電來電

在大雪山森林遊樂區拍的天蠍座，天蠍心臟左上方搶盡鋒頭的另一顆紅色亮星是火星，中國古名「熒惑」。當火星在心宿二附近由順行轉為逆行，看起來像是留戀心宿二而不願離去時，稱為熒惑守心。

心宿二
火星
天蠍座

	1月	2月	3月	4月	5月	6月	7月	8月	9月	10月	11月	12月
上半月	A	C	E	G	J	L	N	P	R	T	V	X
下半月	B	D	F	H	K	M	O	Q	S	U	W	Y

以百武彗星為例，就是在1996年1月下半發現的第二顆彗星。了解這些，以後當你看到彗星的編號，就可以很神的說出它的基本資料囉！

用魚眼鏡拍下的照片特色是對角視野達180度，可以看到整段夏天銀河從右下角往左上角延伸。左上角由三顆亮星所構成的直角三角形，就是夏季大三角。

去，連調整眼鏡也會金光閃閃，也暗示著一些事。由於我們最想要拍攝的彗星也已經拍了好幾十張，心中放鬆許多，準備拿椅子坐下來休息的時候，身體又被靜電電一下，索性就在帶去的塑膠椅上玩了起來。手就像是個打火石，經過椅面之處，點起一個又一個的火光，像極了仙女棒。靜電之強，到現在還無法忘記，不是太美了，而是實在被電得很痛。

後來才知道，那是超級難得一見的好天氣。

整夜的彗星，對於腦啡分泌已起不了作用；靜電的火花，也已無法趕走逐漸濃密的睡意，再加上下半夜從東方冉冉升起的雲，更加削減了我們的意志，眼皮垂到最後防線，睡魔宣布戰勝意志力，大舉侵入腦細胞。就在收拾儀器之前，我們認出了著名的夏季大三角與天蠍座，只不過是在雲中。抱著實驗的心情，將鏡頭對向這兩個漸漸被雲吞噬的方向各拍一張，看看雲裡面的星座拍起來會長什麼樣子。

收工後，進到車內的兩個人，望著前方的擋風玻璃，像是幅裱著百武彗星的畫，就這樣，看著自己不敢相信的美景，睡著了，臉上應該是伴著滿足的笑容吧！

人生最奢侈的享受莫過於此。

回到台北沖洗出照片後，一切都很正常，翻到最後幾張照片時，開始覺得怪怪的。咦？怎麼會有銀河的照片？我們沒有拍銀河啊！兩人正像丈二金剛、摸不著頭緒時，翻翻攝影紀錄，試著回憶當天最後拍的是什麼，才想起來那幾張是我們拍攝雲中星座的「測試」照片，原來那一天我們看到從東方漸漸升起的「雲」，其實就是銀河！因為天氣實在太好了，空氣很透明，所以銀河亮到和都市夜空中的雲一樣！

發現這件事情之後，帶著些許的慚愧，拿著剛洗好的照片給傅老師看。老師翻了翻，對於彗星的照片並沒有特別的反應，直到看到最後那兩張銀河的照片，眼睛為之一亮，興奮的問我們：

石山停車場 觀星地圖

這就是在拍攝百武彗星的路途上，迷霧散去之後，第一個遇到的不知名停車場。直到天亮之後，我們才看到旁邊的牌子上寫著「石山停車場」，這也是我們的LP（Lucky Place，幸運之地）。當然，到石山拍星星也會遇到不好的天氣啦！只是到目前為止，我們遇過最好的天氣就是在這裡喔！

拍完百武彗星的隔天早晨，我們被遊客一陣陣的驚奇聲吵醒。揉揉惺忪的眼睛，才發現眼前的草地上，聚集了十幾隻的台灣獼猴。這是我們第一次這麼近距離的看到野生獼猴。不過聽說野生猴子的攻擊性很強，所以我們就躲在車內，開一點點車窗，把鏡頭伸出去一點點，拍了這張影像。石山真是個令人驚喜的地方！

第一次在石山看到獼猴，若有所思的樣子惹人憐愛。

1997年2月28日拍攝到生平第二顆彗星
——海爾‧波普彗星。

海爾‧波普彗星與夏季銀河共舞的倩影，還可以看到俗稱北十字的天鵝座。

聽說經過這次事件之後，傅老師上天文觀測課程時，好幾次都向學弟、妹提到：「到了山上不要像你們的學長、姊一樣，把銀河看成雲了！」呵呵～那個學長、姊就是我們啦！

下半夜隨著地球自轉而緩緩上升的夏天銀河，居然讓我們這兩個天文初學者誤認為是漸漸上升的雲！這樣就可以看出當時的我們有多菜吧！雖然事後覺得有些可惜，但也算是很難得的經驗啦！

之後，我們就再也沒遇過這麼好的天氣了。

1997年的海爾‧波普彗星

1996年8月開始，我們曾經上山好幾次，天氣卻一直不太好。直到1997年2月28日，終於遇到不錯的天氣，在大雪山森林遊樂區天池附近的停車場拍到我們的第二顆彗星——海爾‧波普彗星，當天適合觀測彗星的時間是在日出前，我們睡到彗尾冒出東

「還有沒有拍銀河的其他部分？這些銀河的細節很清楚！」我們支支吾吾了幾聲，才很不好意思的跟老師全盤招供，其實我們以為那是雲，所以才只拍兩張試試看。傅老師聽了，摻雜著招牌大笑，哈哈的說道：「那是別人最希望能遇到的好天氣耶！有些人可能一輩子都遇不到，你們竟然把……哈！」

star

在2002年6月11日拍的日偏食，透過一般太陽濾鏡所拍到的是太陽的光球層，表面的黑點就是傳說中的日中金烏——黑子。

照片中穿著黃背心、雙手插腰的可愛人物就是台灣業餘天文攝影界中的老大林啟生先生，後方是陪了他十幾年的天文專車。

方地平線的山頭時，才開始架設儀器，因此只拍了一張受曙光影響的彗星照片。隔了一週，我們再度上山，希望能為它多留下一些紀錄。

世紀大彗星，遇上隔天的日偏食，1997年3月8日晚上的小雪山就像是天文界的假日夜市，停車場擺滿了望遠鏡，晚到的天文同好連棲身的地方都很難找。

溼氣，加上山上夜間的低溫，把大部分的人都趕回帳篷裡。有了一星期前的經驗，這次我們先架設、測試好儀器之後才到車上休息，日出前出現在東北方的彗星，叫醒了只是想來看看彗星長什麼樣子的遊客，一一從帳棚冒出來。就像是超級巨星從遠處慢慢走來一樣，彗星開始吸引這些遊客的閃光燈。「這樣是絕對無法拍下彗星的」。我們正想上前勸導一番，腦中瞬間浮現一年前將銀河看成雲的糗事，當時如果沒有試著去拍雲中的星星，到今天可能都還會認為那一天的天氣不佳。人總是要嘗試過失敗才會刻苦銘心，就讓他們去吧！

隔天早上，停車場就像菜市場一樣，大家逛來逛去，交換觀星心得，照慣例會收得乾乾淨淨的望遠鏡，也因為要等著觀測日偏食的關係，還留在昨天晚上的位置，

嘗試用手拿著目鏡用的太陽濾鏡拍日偏食。你是否覺得太陽很小？這是真的喔！太陽在天空中的視直徑大約只有0.5度而已，平時因為太陽的光球層很耀眼，所以會讓人誤以為太陽看起來很大。

日偏食發生時，未被月球遮住的太陽表面還是很刺眼，不適合直接以肉眼觀察，倒是可以仔細看看太陽光透過茂密的樹葉間隙所呈現的影子，不再是小圓點喔！根據針孔成像的原理，影子會呈現出光源的樣子，看到了嗎？每個影子都化身為一顆顆的日偏食了！

等待拍攝時間的來臨，順便讓沾滿露水的天文儀器曬曬太陽。這樣難得的機會，正好也讓遊客們見識到原來台灣有這麼多人在玩天文攝影。

這種大拜拜場合最容易遇到那些只聞其名、卻不見廬山真面目的天文攝影大老們。果然，在望遠鏡叢林中，有一位拿著X光片在看日偏食的怪叔叔，走近一看，才發現那就是業餘天文攝影家們口中的林老大──林啟生先生。

雖然之前與林老大只有一面之緣，但這次可是讓我們印象深刻，除了把X光片當作太陽濾鏡之外，他還將X光片捲起來，對著我們當頭棒喝。因為我們以前曾經拍過日偏食，所以這次就英

啥米
玩意

(Comet Hale-Bopp,
C/1995 01)

看過前面關於彗星編號的解釋,現在看到海爾·波普彗星的編號,你應該可以知道它的基本資料了吧!

沒錯!它就是在1995年7月23日由海爾(Alan Hale)與波普(Thomas Bopp)相繼發現的彗星。其實波普比海爾更早發現彗星,只是當時波普和朋友在郊區觀測,發現彗星後,趕緊驅車奔回家裡,發電子郵件跟國際天文聯合會(IAU)確認,而海爾發現彗星的時間雖然較晚一些,但是他是在自家樓上的天文台觀測,只需走到樓下發電子郵件,就完成基本確認程序,所以彗星的命名就以通報優先的海爾為第一發現者,波普次之。

海爾·波普彗星被發現的時候,就已經比同樣距離之下的哈雷彗星亮約1000倍!所以可能是1976年West彗星之後所出現最亮的彗星,也難怪會在二十世紀末造成一股「世紀大彗星」的轟動。海爾·波普彗星在1997年最適合觀測的3月～4月間,亮度達到-0.5等,就連在台北地區都可以用肉眼看得到,當然,光害的影響還是很大,在台北只能看到一個小光點,無法看見真正壯觀的彗星影像與彗尾。不管看起來如何,它可是我們第一次在台北附近拍到彗星喔!

想起小時候認為在台灣就是看不到彗星的自我矮化想法,不得不承認,知識就是力量!

照片下方兩條短白線中間一團模糊的,就是1997年11月拍攝的海爾·波普彗星,此時彗星已經離開近日點半年多了,尾巴不復風光,只剩下少許彗髮。

英美代子,跟著一般民眾一起看熱鬧,這種偷懶的舉動,被林老大狠狠的數落了一番。事後想想,每個天象在天文學上都占有舉足輕重的意義,確實不該隨便放過任何一個特殊天象的拍攝機會。

隔了幾週後我們再次上山,希望能拍到不同時間的海爾·波普彗星。一樣是日出前的夜空下,一樣是三月底,黑暗之中只聽到有人說道:「起雲囉,可以收一收休息了!」另一頭也應了一聲:「是啊!運氣真差!收一收睡覺了。」一年前的糗事,又回到眼前。原來,不是只有我們才會把銀河看成雲。這兩位先生連嘗試一下都沒有,當然也永遠不會知道,那一天從東方升起的不是雲。少拍幾張天文照片事小,心中一直覺得運氣很背的感覺,才是不願嘗試所帶來的最大報應。

星星對於我們,就像搖頭丸一樣,出現得愈多,我們就愈興奮。唯一不同的是,我們興奮完了以後,不會感到全身疲累,反而是精神更好!這應該就是科學家們所說的,當人類感覺快樂的時候,腦中會分泌一種稱為「腦啡」的物質,讓人通體舒暢,更會有類似毒品的效果,讓人不覺上癮,引導著人們朝著尋找快樂的方向不斷前進。

原來,人不需要花錢去買毒品,只要找到你的興趣,在兼顧生活的前提之下盡力去做,身體就會提供你這樣的感覺了!

當我們這種人看到滿天星斗的時候,「腦啡」應該是用噴的吧!

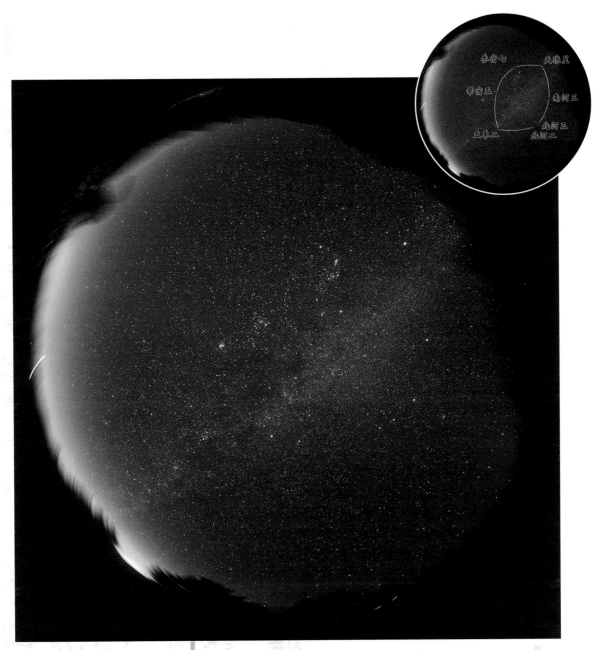

参宿七　　天狼星

畢宿五　　南河三

　　　　　北河三
五車二　　北河二

用全天魚眼鏡拍的冬季銀河，可以看到完整的冬季大橢圓。

紅色的岩石與土壤，配上藍天、白雲、綠草，是澳洲艾爾斯岩最令人難忘的色彩！

astronomy 3 for you

在世界中心的星情

兩度澳洲行，也是我們唯「二」的出國拍星經驗。

52

蜜月澳洲行——
親近世界遺產的起點

　　兩個天文狂在八年的長跑後，終於要結婚了。拍婚紗照時都不忘與天文結合，規劃蜜月旅行，當然也要跟天文有關囉！

　　從來沒離開過台灣島的兩個人，以蜜月旅行之名，行天文觀測之實。

　　蜜月去哪玩，以天文攝影為第一考量，所以我們選擇了澳洲，那裡有台灣看不見的南天星空。

　　去澳洲的哪裡玩？以天文攝影為第一考量，我們決定了天氣穩定、沒光害的中部沙漠景點——艾爾斯岩（Ayers Rock，原住民稱為Uluru，意思為「有水洞的地方」）。小時候，在百科全書裡曾經看過艾爾斯岩的照片，但就像是對於台灣滿天星空的妄想一樣，從來沒想過自己可以親自到這個世界遺產前好好看看，這次終於逮到機會了！

　　出國行李帶什麼？以天文攝影為第一考量，我們總共扛了60公斤的行李，其中大約45公斤是天文儀器，這還不包括身上背的一堆相機。為了名正言順地攜帶這些超重的行李，我們毅然決然的將飛機票加錢升等為商務艙。聽起來有點小奢侈，但升等商務艙所加的錢，比超重行李需要加的錢還少呢！

南十字

伊塔星雲

位於天南極附近的船底座伊塔星雲，火紅的顏色就像澳洲沙漠的紅土。
中央上方的四顆星，就是在台灣不容易看到的南十字。

stari

在世界中心的星情

53

來到南半球，肉眼就可以看到銀河系的衛星星系——大麥哲倫雲星系與小麥哲倫雲星系，這是標準鏡拍到的大小，不是用望遠鏡拍的喔！

　　出國的行程要怎麼安排？以天文攝影為第一考量，我們在澳洲的第一天晚上參加了當地著名的沙漠晚餐活動，重要的是飯後可以聽聽當地天文學家講解南半球的星空。

　　哪幾天出國？還是以天文攝影為第一考量，我們選擇農曆月初的時候到沙漠，也因此我們每人多花了12,000元更改自由行的套裝行程。

　　要住幾天？當然還是以天文攝影為第一考量，為了多些機會拍攝南天的星星，我們決定在沙漠中多住兩天。有人覺得太沒情調，但我們的興致，卻像是沙漠中午的高溫，Hi到最高點。就連在沙漠晚餐中才認識的一桌老外，聽到我們要在沙漠裡待五天四夜，都笑笑的搖搖頭，覺得不可思議。

　　看過了這樣的蜜月行程，我們的恩師傅學海教授也忍不住說了一句：「你們就不能忘記天文一次，好好的去玩？」

答案⋯⋯當然是「不行！」

這到底是蜜月旅行還是天文觀星之旅？對於我們來說，已經不重要了。因為，如果我們看到滿天的星星，而自己沒帶天文儀器去拍，我們是快樂不起來的。

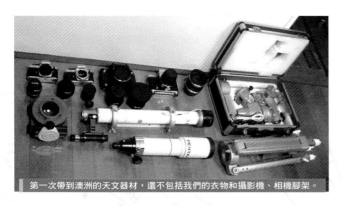
第一次帶到澳洲的天文器材，還不包括我們的衣物和攝影機、相機腳架。

第一次到澳洲去玩，當然要找澳洲航空問問。航空公司本身就有自由行的套裝行程。詳細閱讀相關資料後，我們決定訂下澳洲自由行的其中一種組合：艾爾斯岩與凱恩斯之旅，並額外參加一些當地的自費旅遊活動，這樣應該算是最簡單的半自助旅行。不過，直到出發前領機票時，才知道這樣的旅遊方法，必須自己到當地之後，再向當地的旅遊公司確認隔天的行程，這當然沒問題，但是要用英文跟當地人溝通，天啊！太可怕了！

不過錢都已經付了，就只好希望自己破破的英文到時還行得通。第一次出國的我們，真是勇氣可嘉，天不怕地不怕的不跟團，而是自己自由行。

從來沒有進出過海關，完全不知道哪些東西該申報，也沒看過人家怎麼填申報單，所以兩人在到達雪梨出關前，對著英文的申報單研究了老半天，直到經濟艙的人都出來，才選擇走出關，反正讓海關人員去檢查，不用擔心填錯資料，這是最不會出錯的方法，但是卻浪費了商務艙可以優先出關的好處，只能跟在長長的隊伍中緩緩前進。

飛機從台北到雪梨需要九小時的長途飛行，相當累人，但是為了要把握農曆月初較無月光影響的拍星機會，我們在雪梨國際機場入關後，直接轉往雪梨國內機場，飛向艾爾斯岩，根本沒有踏進著名的雪梨市區一步。

從雪梨起飛時還是下著小雨的天氣，不到一個小時之後，已經是萬里無雲。從飛機往下看到的，不再是一堆堆紅色屋頂的整齊房子，而是整片夾帶著一些小綠點的紅色沙漠。陽光刺眼得很，兩個瘋子就像城市鄉巴佬一樣，一直向飛機窗外看，就是不希望錯過與艾爾斯岩第一次接觸

的感覺，只要一看到沙漠中稍微有點突出的地方，就興奮得大叫：「啊！那是不是就是艾爾斯岩！」其實，從雪梨飛到艾爾斯岩需要三小時，我們看到的都只是沙漠中的小小突起，這些跟艾爾斯岩比起來，根本就是小巫見大巫。

到了艾爾斯岩機場已經是下午了，由澳洲國家政府所規劃的艾爾斯岩度假村（Ayers Rock Resort，原住民稱為Yulara），就像是沙漠中的小城市一樣，有購物中心、超市、郵局、餐廳、沖印店等等，更誇張的是，還有沙漠地區不可能出現的游泳池。

如果你很仔細地觀察的話，在艾爾斯岩可以看到十種以上的鳥類喔！這是其中一種常見的鸚鵡，牠們正在游泳池旁喝水。

在這裡只有三種人，像我們一樣的觀光客、服務態度超級好的工作人員，還有附近不知道住在哪裡的原住民。你不需要擔心會有所謂的不良份子。這樣單純的環境，跟擁擠的台北真是天壤之別。這才是個真正能讓人放鬆的地方。不過，這個世外桃源太美了，美的有些假，有點像是電影〈楚門的世界〉裡的廣大攝影棚，如果開著車朝某個禁止進入的方向一直前進，會不會就撞到攝影棚的牆咧？嗯，我們想太多了。

星座就像是星星的地址。從北半球輾轉歷經12小時才來到艾爾斯岩，不只是地不熟，就連星空也是人生星不熟的，怎麼看，怎麼怪，尤其是一些著名的星座，例如獵戶座，在這裡看來就是頭下腳上的，相當不習慣。一方面考慮到長途飛行的勞累，另一方面希望能快速的熟悉南天的星空，所以我們事前就安排好，在到達艾爾斯岩的第一天晚上，參加當地最出名的「寂靜之聲」（Sound of Silence）沙漠晚餐。根據台灣旅遊書籍的介紹，這是一頓喝著香檳觀賞艾爾斯岩日落之後，在紅色沙漠中所享用的野宴。更重要的是，會有當地天文學家為大家解說星空，並且架設望遠鏡讓遊客觀賞。嘿嘿～這才是我們去吃這頓飯的主要目的，聽聽國外天文學家怎麼導覽星空，希望能藉此學習他們的優點，看看外國和尚是不是真的比較會唸經。

沙漠晚餐前看到的艾爾斯岩，雖然天空的雲多了點，但還是很美～不知道是不是情人眼裡出西施？對我們而言，艾爾斯岩怎麼看都很美啦！

　　了大家的葡萄酒杯裡，看起來像是一杯杯台灣傳統的補藥酒，有人被這樣的不速之客逗得大笑，也有人緊張地大叫，我們卻只關心天上的星星，一點、一點在晚霞消失之後浮現在雲洞之中。一拿出相機，就暴露了我們天文愛好者的身分，只好用特有的台灣英文，再加上世界共通的身體語言，比手畫腳的將木星、土星，以及天狼星、獵戶座等明顯的天體介紹給同桌的外國朋友們，也算是在拚外交啦！

　　懷著第一次出國、第一天到陌生國家的緊張心情，我們被帶到沙漠中一處較高的地點，在荒郊野外享用燭光晚餐。自助式吧台上擺了各式各樣的肉品，包括牛肉、雞肉、鱷魚肉、袋鼠肉、鴕鳥肉，一應俱全，還有沙拉、甜點等等，就像是在都市的高級餐廳用餐，只是周圍的裝潢換成了沙漠實景，音響換成大地樂章。不過，黑暗中的燭光，對夏夜出來乘涼的昆蟲來說，有著受不了的吸引力。所以，你可以想見，除了大家聊天的聲音、昆蟲的叫聲以外，還有這些跳躍高手此起彼落，降落在餐桌上的聲音，部分昆蟲界的神風特攻隊更是跳入

這是澳洲原住民的傳統木管樂器didjeridu，長度大約一公尺。還沒參加寂靜之聲前，我們以為會有一群原住民出場表演，結果是個白人很佩服他能吹得這麼輕鬆。這個樂器的聲音很低沈，且帶點回音，聽起來像是來自很深遠的地方。照片中紅色的那支是經過改良、可伸縮自如的塑膠didjeridu喔！

晚上10點左右，大家都吃飽喝足了，此時服務生將桌上的燭火一一吹熄，讓大家靜下心來感受沙漠中的寂靜之聲。燭光熄了，沙漠中的天空更黑了，這樣的環境怎麼還有心情聽這些聽不到的聲音呢？我們只期待更重要的戲碼何時上演。不一會兒，當地的天文學家拿著強力手電筒指向天空，一一介紹美麗的南天星空。努力聽了好久，終於聽到了最重要的部分：尋找天南極的方法！就是利用半人馬座最亮的兩顆星的中垂線向南延伸，與南十字的長軸向南延伸，兩條延伸線會交於一個假想的點，這個點就是天南極了。上天似乎是故意的，當天文學家的手電筒指向天南極時，恰巧劃過一道明亮的流星，讓大家驚艷不已，瞬間奪去了講解者的光彩。一旁還有專人架設8吋的望遠鏡，對準了木星、土星，遊客們也都興致沖沖地排隊觀看。

這是我們在享用沙漠晚餐時，偷偷把相機放在一個比較昏暗的角落，對著大家長時間曝光所拍的。

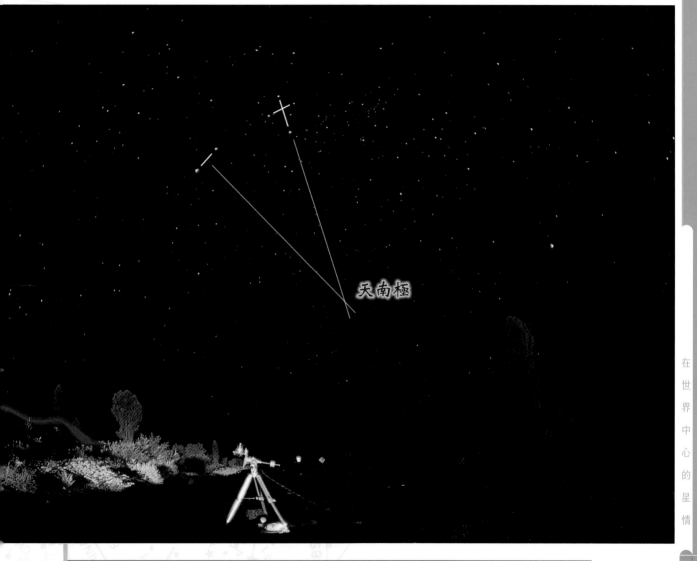

天南極

將半人馬座最亮兩顆星連線的中垂線向南延伸，與南十字的長軸向南延伸，兩條延伸線會交於一個假想的點，這個點就是天南極。

從這個方向看艾爾斯岩，剛好在山頭上可以看到南十字與半人馬座的兩顆亮星。你是否能找出天南極了呢？

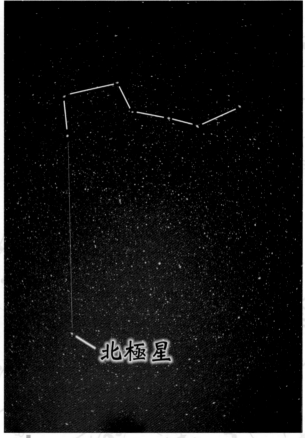

北極星

利用北斗七星斗杓開口第一、二顆星的連線距離，往外延伸約五倍的位置就是天北極，附近剛好有一顆肉眼可見的北極星，北極星也剛好是小北斗七星斗柄（小熊座尾巴）的最後一顆星。

啥米玩意

天北極與天南極

古人想像一個空心球將地球包住，站在地球上往外看這個空心球殼，上面看起來像是鑲嵌著許多鑽石般的星點，這個球殼稱為「天球」；假想的地球自轉軸穿過地球北極與南極，分別與天球相交的兩個點就是天北極與天南極。現在的天北極附近剛好有一顆還算亮的星星（全天恆星亮度排行第47名），可以用肉眼直接看到（亮度約為2.1星等），被稱為北極星；在北半球要使用赤道儀追蹤東升西落的星星進行觀測或攝影的話，就要利用北極星來校正赤道儀極軸望遠鏡的指向。但是天南極附近沒有這樣的星星，所以如果要在南半球使用赤道儀，校正極軸前只好先用別的方法粗略判斷天南極的位置。天南極附近的星空是我們從未見過的，這也是為什麼我們第一天晚上選擇參加沙漠晚餐，除了蜜月的羅曼蒂克之外，其實重點是要在餐後聽聽澳洲的天文學家怎麼介紹當地星空與找天南極的方法啦！

就這樣，我們第一次和南天的星空打了個照面，雀躍的心情，讓我們忘卻了長途飛行的疲勞，巴不得現在就回到飯店，搬出傢伙來拍星星。老天似乎是看透這顆太過躁進的心，要我們好好休息一下，派出了厚厚的雲層將星空收了回去，也才讓我們在回到飯店後，甘願的睡去，準備迎接隔天一早的活動。

　　第二天天還沒亮，就有小巴士來飯店門口接我們到畜養駱駝的農場。被串成一排的駱駝早就跪在地上，等著遊客坐上去。嚼

被串成一排的駱駝乖乖站著等候主人的指示。

著口水的駱駝，看起來相當温馴可愛，但是在長時間服務人類之後，竟也有了一些脾氣。只見其中一隻駱駝似乎跪得不太耐煩，忽然站了起來，前後相連的繩子使得其他駱駝也紛紛起立，這才發現，原來駱駝站起來有將近兩公尺高，難怪要牠們跪著讓遊客坐上去。農場主人見狀，用力向下拉扯第一隻駱駝的鼻繩，一整串駱駝才又乖乖的跪下來等待。可是過沒多久，帶頭的駱駝又站了起來，讓主人的顏面盡失，主人生氣地用英文罵了牠幾聲，才又鎮壓住這隻過動的小子。這就像是要自己先跪在地上，讓別人坐到背上再站起來一樣，駱駝的膝蓋應該是很痛的，難怪牠們會有這樣的反抗行為了。

　　乘著清晨乾燥涼爽的微風，在駱駝背上顛簸的前進，離地兩公尺多所見的景象果然不一樣。駱駝載著大家搖搖晃晃走了一段路，我們還在東張西望的尋找時，駱駝隊伍爬上一個小土丘，這才看到突起在沙漠之中的艾爾斯岩，隨著太陽漸漸東升，顏色愈來愈鮮紅，看到這些豐富的美景，還沒吃早餐的我們，早就忘了肚子咕嚕咕嚕叫了。

　　回到農場，簡單的餅乾、麵包、奶油以及茶、咖啡，解決了一天最重要的一餐。看看屋外的駱駝，真是有些不捨，不捨牠們跪著讓人坐在背上，還要死命的站起來，這樣很累、很痛。不建議大家去騎駱駝了。

　　拖著45公斤的器材，在沙漠的夜裡尋找一處可以拍攝星星的地點，不容易，也不安全。所以我們在第二天下午租了一部當地最小的轎車，作為代步工具。先在度假村附近繞了繞，熟悉靠左邊走的駕駛方式。吃完晚餐後，我

天南極附近短時間曝光的星跡。

們就一邊開著車，一邊找尋比較暗的地方，準備幹活了！雖然度假村裡的燈光都很有技巧的往下照，避免影響到天空，但是這些光線仍然會有部分照進相機鏡頭裡，影響拍攝結果。我們兩個人就像是被植入背光性基因的變種人，不自覺的向更黑暗的地方開

去，也不管會不會有潛在的危險。最後找到駱駝農場附近一處陰暗的路邊，剛好也是某一條路的分岔口附近，周圍的黑暗讓人心生恐懼，完全看不出來五公尺遠的地方會有什麼，更不知道會不會有某些動物突然衝出來。心中一直說服自己不要害怕，硬著頭皮就架起儀器開拍了。前一天晚上，聽了當地天文學家的解說，大概知道天南極在哪裡。可是，因為我們攜帶的是IXEN 舊型的SP赤道儀，極軸望遠鏡中並沒有為南天設計的參考點，再加上燠風徐徐，吹得人是又乾又累，昏昏欲睡，辛苦從台灣帶去的蓄電池，也跟我們一樣撐不下去，掛了，最後只好以車上的電池代替。這一晚只拍了兩張照片，半夜12點不到就收拾儀器，打道回府，睡大頭覺去了。

第三天用了早餐後，將車子開

我們通常都挑農曆初一（朔）的前、後上山拍星星，到澳洲當然也不例外，這是傍晚時拍到即將西沈的金星伴眉月，還可以看到艾爾斯岩度假村的地標。

到更接近艾爾斯岩的路旁，停下來看這壯闊的景色，兩個人就在路旁擺起千奇百怪的姿勢，證明自己來過這裡，滿足的享受這份感覺。拍照的同時卻發現一件奇怪的事，身邊的車子沒有一輛停下來的，都是朝著巨岩方向繼續奔馳而去，沿著這條道路是不是還能更接近艾爾斯岩？果然，向前直行沒多久，看到國家公園入口指標，買張門票就可以連續三天在開放時間內自由進出，到適合觀賞日出、日落的停車場，甚至還可以開車到艾爾斯岩旁繞一圈。如果這幾天我們就這樣站在以為已經是國家公園的馬路望梅止渴，然後就回國炫耀的話，大概就會是繼銀河看成雲之後，另一個大笑話了。

為了避免前一天晚上擾人的燻風，以及小小的恐怖感再度回到心頭，我們在第三天白天再度開著車到處尋找適合的觀星地點，最後決定在度假村出口左轉往國家公園的路旁試試看。雖然偶爾會有車子呼嘯而過，稍微影響拍攝，但也增添不少安全感。

前一天的經驗，讓我們決定到晚上11點才出來拍星星，除了躲開剛入夜的燻風之外，路上的車子也會更少，因為來度假的人，不會有人像我們這麼無聊，晚上不好好在房間裡享受冷氣，出來野外與昆蟲作伴。深夜的沙漠氣溫低了些，心也平靜點，這次我們慢慢的對準極軸，慢慢的取景，但時間卻飛快地流逝，沒多久曙光就出來了，沙漠中的夜晚還真是比高山上舒服多了。

老天還真是賞臉，一直撐到日出前才開始起雲，這一晚我們都沒睡，收完儀器就等國家公園再度開放，好趕到日落觀景點看日出。咦？有沒有搞錯啊？怎麼會在日落觀景點看日出呢？因為所謂的艾爾斯岩日出觀景點，是可以看到艾爾斯岩因為日出而變化顏色的地方，看向艾爾斯岩的方向是背向太陽的方向，也就是西方，由於我們想要拍攝結合艾爾斯岩的日出連續曝光照片，當然就要反過來，在日落觀景點才看得到囉！因為大部分的遊客都集中在日出觀景點看艾爾斯岩的顏色變化，另外這一面，就是我們兩個人獨享的了，幸福吧！

從雲海中乍現的日光，比晴天

在日落觀景點看艾爾斯岩日出。

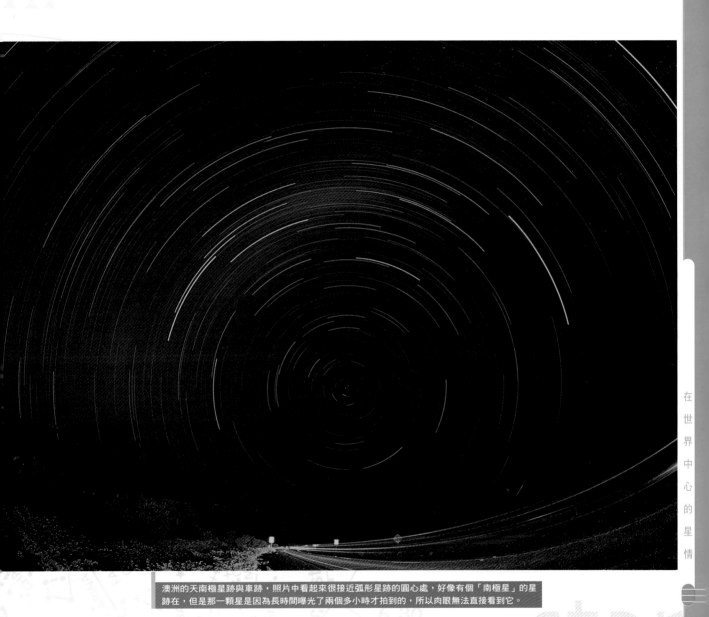

澳洲的天南極星跡與車跡，照片中看起來很接近弧形星跡的圓心處，好像有個「南極星」的星跡在，但是那一顆星是因為長時間曝光了兩個多小時才拍到的，所以肉眼無法直接看到它。

艾爾斯岩日落重複曝光，每顆太陽的拍攝間隔都是五分鐘，應該間距一樣，但是卻可以很清楚地看到愈接近地平線的太陽間隔會愈大，主要是因為愈靠近地面，陽光穿過的地球大氣層愈厚，光線較容易被偏折，所以會感覺日出和日落的太陽都是跳著升起和跳著落下的。

的日出更有震撼力。因為汽車只租到第四天的下午，所以趁著還車前，趕緊再開著車到國家公園裡的其他景點逛逛。

從度假村到歐加斯（Olgas，原住民稱為Kata Tjuta，意思是「好幾個頭」，是另一堆範圍更大、數目更多的岩石群，整體面積約為艾爾斯岩的三十倍，最高的歐加斯巨岩約546公尺，比101大樓還高呢！）的單趟距離，就相當於從台北到新竹，我們以將近每小時100公里的速度狂飆，沿途的風景變化，隨著歐加斯距離愈來愈近，讓人忍不住發出驚歎的聲音，遙遠的距離瞬間縮短了許多，感覺一下子就到了。

炎熱的夏天中午，攝氏43度的高溫，在歐加斯觀景點停車場裡，除了我們兩個瘋子，沒看到任何人，連澳洲最出名的蒼蠅也都躲了起來，我們又獨自享受了這個專

中午的歐加斯。

屬的景色。歐加斯的外型雖然沒有像艾爾斯岩那麼完整，但是其分布範圍和高度卻都比艾爾斯岩大上許多，受其震懾的程度更是不亞於艾爾斯岩。

沙漠中午的高溫，讓柏油路附近的空氣產生密度變化，形成了海市蜃樓的景象，可以發現對向遠遠開過來的車，在乾燥的路面上產生像在水面上的倒影，看起來就像是真的有一大灘水在前方，讓人想要減速繞道而行。終於能體會沙漠中的旅人，為何會被海市蜃樓所矇騙。

還了汽車，離天黑還有一小段時間，我們安排了一項到艾爾斯岩之後才決定的重頭戲，也是這裡的另一項著名活動，就是騎著昌任夢寐以求的摩托車之王——哈雷機車，像嬉皮一樣在沙漠裡狂奔。取車前，昌任還擔心哈雷那源源不絕的動力是否能駕馭得了，上路後才發現重型機車竟是如此容易駕馭。我們倆就戴著墨鏡，在傍晚的涼風中，伴著哈雷

沉穩的排氣聲，與特有的引擎震動，悠閒的向艾爾斯岩前進。引擎聲，劃破了沙漠中的寂靜，在純淨的環境中增加了一點另類的藝術，是畫蛇添足還是神來一筆，端看個人心境，只覺得自己是這片廣大沙漠的征服者，就像是電影鐵達尼號裡，傑克站在船首的感覺一樣！

不過，我們的外型和粗曠的哈雷機車不太搭，留些鬍渣應該會和機車更相配吧！

沿著公路的引導，我們逐漸接近艾爾斯岩，雖然巨岩僅有三百多公尺高，但愈是靠近，愈有種被吸引過去的感覺，跟在遠處欣賞它的感覺完全不同，似乎真有神靈藏身其中，逼著我們不敢直視它，也難怪澳洲原住民會將它視為聖山，不希望觀光客去攀爬。我們也響應了不爬艾爾斯岩的口號，希望能尊重原住民的信仰。

光滑的表面，加上一些崩落的空洞，讓人聯想到宮崎駿的卡通＜風之谷＞裡的巨大蟲蟲。正巧歐加斯也有一個稱為風之谷的步道，宮崎駿先生該不會是到過這裡，受到艾爾斯岩和歐加斯的震撼而產生創作靈感的吧！

騎機車在艾爾斯岩周圍環繞一圈，是人生一大享受。既不必在沙漠中環繞這顆大石頭步行9公里，又可以以極佳遼闊的視野觀賞它的每個角度。雖然哈雷機車兩小時的租金比1600c.c.汽車一天的租金還貴，但是真的是物超所值！這大概是這幾天過得最快的一段時間了。不知是太過興奮，還是哈雷機車引擎太熱，還車時竟然已是一身汗，下了車，手還會延續機車引擎的振動頻率而不自主抖動。這感覺太棒了！

最後一夜，兩個天文狂終於要離開這個原住民眼中世界的中心。滿天的雲，以及就快要滴下來的雨，可以感覺到上天的不捨。我們非常感謝，感謝給了我們三個晴朗的夜晚。

揮別了艾爾斯岩，隨著飛機航向凱恩斯，兩塊巨岩漸漸消失在飛機的窗口，可能是之前玩得太盡興了，沒一會兒就睡著了，飛機有沒有穿過攝影棚的牆，我們沒注意到，但在我倆腦中的記憶，卻隨著遠離而愈加深刻。

我們還要再來！這是我們對艾爾斯岩的承諾！

縱使是在海港都市凱恩斯，一到了晚上，我們就像吸血鬼一樣，忍不住要抬頭看天空，就只想要拍星星。與艾爾斯岩比起來，這裡的光害嚴重多了，長時間拍攝後，天空因而顯得泛黃。

套句廣告詞－Impossible is Nothing！（沒有不可能的事）

2004年的天文大事，除了月全食、金星凌日，就是雙彗星同時出現在天空中的特殊景觀了。這對於已經單獨看過兩顆彗星的我們，更是不想錯過的奇景。其實，從開始接觸天文攝影之後，就一直想把天上的星星藉由照片，甚至是影片的方式，呈現在無法親眼享受這些天文奇景的大眾面前。但是受限於投影方式，拍攝下來的照片無法真實還原，效果因此大打折扣。

宙劇場裡的一樣。這樣模擬出來的星空很接近真實的樣子，但對於那些可以用肉眼就在光害較少的地方看見的星團、星雲，例如：獵戶座鳥狀星雲、仙女座大星系等，傳統星象儀就無法直接投影出來，只能利用另一台投影機另外投影在螢幕上，這不是最理想的方式，再加上要自己製造這樣的星象儀，困難度也太高。

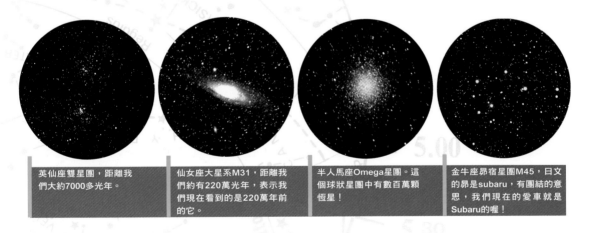

英仙座雙星團，距離我們大約7000多光年。

仙女座大星系M31，距離我們約有220萬光年，表示我們現在看到的是220萬年前的它。

半人馬座Omega星團。這個球狀星團中有數百萬顆恆星！

金牛座昴宿星團M45，日文的昴是subaru，有團結的意思，我們現在的愛車就是Subaru的喔！

四年前我們曾經想過要自製星象儀，因為市售的星象儀實在太貴了，隨便一台像樣的都要一、二百萬以上。

現今的星象儀都是利用強光，將星點一點、一點的投射在半圓形的螢幕上，就像台北市立天文科學教育館宇

接觸了一些電腦星圖軟體之後，某天突發奇想，想要改裝單槍投影機的鏡頭，讓它投影出來的不再是四方形平面的影像，而是圓

69

用135相機28mm廣角鏡頭拍的夏季大三角,從左下角到照片中間,可以看到天鵝座長長的脖子探入銀河當中,傳說中是西格尼斯為了尋找他的好友,同時也是太陽神阿波羅私生子的費頓。費頓為了證明自己是阿波羅之子,央求阿波羅借他駕駛太陽馬車,沒想到馬兒會認主人,一遇到費頓就開始煩躁、不聽使喚,還拉著馬車上上下下地亂跑,底下的人類有的熱、有的冷,怨聲四起,眼看無法收拾,阿波羅最後不得已,只好狠下心來,用箭射殺了費頓,可憐的費頓中箭後就掉到銀河裡了,馬兒這時才恢復正常。宙斯為了表揚有情有義的西格尼斯,特地將他化身為天鵝,放在銀河旁,讓他可以繼續找尋好友的下落。

織女

牛郎

天鵝座

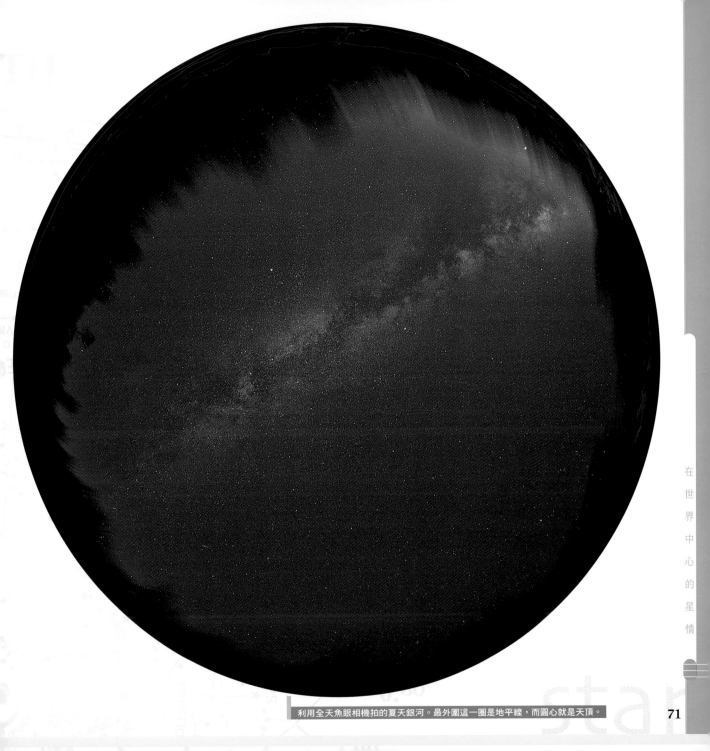

利用全天魚眼相機拍的夏天銀河。最外圍這一圈是地平線，而圓心就是天頂。

形的半球形立體影像。大概知道這中間的光線應該怎麼走，但是受限於光學技術，這個幻想就只能庫存在腦中。

兩年前，我們竟然就在美國＜天空與望遠鏡＞（Sky & Telescope）雜誌的廣告當中，看到已經有廠商研發出與我們想到的同樣原理的數位式星象儀。當時我們正巧發現台北市南湖國小就有一台，實地參觀後才發現跟我們之前的想像簡直是一模一樣，這表示將有機會利用它將天文照片還原回真實的樣子。

星象儀投影出來的，是在地平線上的所有星星，所以要藉由它還原的天文照片，就必須包含現在地平線上的所有星星，這種照片稱為「全天魚眼照片」。早在西元2000年的時候，我們就參考了日本天文雜誌的報導，將67相機的魚眼鏡頭改裝到4X5的底片匣上，測試過後也已經確定可以拍出全天星空的照片。現在又知道國內有這樣的星象儀，當然希望能夠將全天魚眼照片與數位式星象儀結合在一起，造福更多的人！

由於彗星通常要在日出前或日落後幾小時之內觀測，對於一般大眾來說，很不容易親眼看到，加上我們擁有這樣的改造相機，一連串時間上的巧合，幸運地促成了這一次在學期當中以公假、自費出國的觀測計畫。因為時間很趕，匆忙交代完代課事宜後，訂了機票，便馬上開始執行這個不可能的任務。

彗星受到太陽引力影響而移動位置，使得從地球上看起來，彗星出現的位置會隨著時間的不同而改變，有時在北半球較容易看到，有時在南半球較適合觀測。根據對於2004年可見C/2001 Q4（NEAT）與C/2002 T7（LINEAR）雙彗星的預測，南半球在五月中旬時可以先看到，到了五月下旬以後，北半球才有機會看到，不過，屆時彗星會因為遠離太陽而亮度變暗。

能夠讓住在都市的台灣人看到台灣地區真正看到的彗星模樣，也是我們申請這次觀測計畫的重要目的。因此，我們先在台灣拍攝單顆彗星的樣子，再前往南半球拍攝雙彗星景象，讓向隅的台灣人可以在數位式星象館中回到過去，一睹雙彗星的風采。南半球要到哪裡觀測呢？用膝蓋想也知道，當然是兩年前我們信誓旦旦還要再回去的地方：澳洲的艾爾斯岩。

這是在大雪山森林遊樂區分別往C/2001 Q4彗星與C/2002 T7彗星的方向所拍的固定式攝影，只能看到一小條的彗星星跡。圖上的紅點、綠點，就是一般數位相機拍攝天文照片時，常出現的雜訊，這些可不是星星喔！

利用天文專用冷卻CCD ST-10XME拍攝的C/2001 Q4彗星，可以看到彗尾的細節。

三度彗星緣

　　台灣地區我們跑了兩個地方：新中橫與小雪山。

　　到新中橫那一天，下午的雷陣雨不夠大，無法帶走所有水氣，留下了厚厚的雲層，那是槓龜的一天。晚上不甘心的從阿里山公路下山，途中看見幾顆星星鑽出雲洞，趕緊停下車來，用最簡單的固定式攝影，留下天氣不佳的證據。關了車燈，路邊草叢中開始出現一閃、一閃黃綠色的移動光源，像極了流星雨瞬間出現、消失的感覺。亮點隨著車燈關閉的時間增加而增加。不要笑我們俗！這時才發現那就是螢火蟲。我們在晚上開過好幾次的阿里山公路，都沒有發現這個彎道有這麼多螢火蟲，應該是刺眼的大燈讓螢火蟲自信心嚴重受損，自嘆不如而熄掉自己的燈火吧！腦中還在猜想，忽然出現的車燈，又讓這些嬌客趕緊吹熄尾巴上的燈火，過了許久才又一一點燃。

　　從新中橫回家後，趕緊整理出國的行李，還要先測試帶出國的天文儀器，以免出國後出現小狀況。

　　稍事休息後，隔天天氣變好，我們又衝上小雪山。這次老天終於肯賞臉，給了個好天氣，看到其中一顆彗星C/2001 Q4的樣子。咦？怎麼沒有一點興奮的感覺呢？事實上，當我們第一眼看到這顆彗星時，就是這樣子。這一天已經接近C/2001 Q4彗星的最亮時期，但是如果沒有比對星圖，你會以為它只是巨蟹座中的一顆星星而已，這樣的描述就知道有多麼令人失望了。相較於日本、美國天文雜誌所畫出來的想像圖，真有種被欺騙的感覺。不知道這適不適用消費者保護法？欺騙消費者的感情。

　　這只是說說而已，因為彗星就是這麼一回事，只有當它接近太陽的時候，才知道它到底會長成什麼樣子，也才能知道它的尾巴美不美。

相隔兩年，艾爾斯岩，我們又來了！

　　跟兩年前一樣，我們從台北直飛雪梨後，隨即轉搭國內線飛向艾爾斯岩，不同的是，這一次從雪梨出發後，一路上看到的都是雲海，很難見到澳洲中部紅色沙漠的壯觀景象，只有快到艾爾斯岩時，才稍微有些雲洞，露出一點點沙漠本色的火紅，眉頭深鎖的兩人這才輕鬆了下來。很巧的

流星
─蜂巢星團

C/2001 Q4彗星的尾巴剛好穿過巨蟹座中央的蜂巢星團M44（中國古名為鬼宿）。
中央偏上方的小白線不是照片的刮痕喔！那是一顆流星！

star

是在雪梨機場遇到來自台北市立天文科學教育館的同好們，一下子看到這麼多人，讓我們差點忘了自己身在異鄉呢！

這次我們選擇了跟兩年前不一樣的飯店。

到了房間，才發現離大廳有點遠，像個被放逐的角落，而且房間是在一樓，視野「應該」沒有上次住別家飯店二樓的地點好。心中正在暗罵的時候，順手拉開落地窗的窗簾，映入眼簾的竟然就是艾爾斯岩！

我們趕緊拿出指南針對了對方位，後陽台看出去剛好是正南方，也就是說，我們可以直接在房間後方的陽台拍星星！唯一可以挑剔的，就是正上方稍微凸出的二樓陽台會遮蔽一些視野，以及後陽台外軟軟的草地不適合架設望遠鏡。正覺得有些美中不足

下方是度假村的休閒區，獵戶座已經悄悄升起囉！

的同時，跨出陽台矮牆往前一看，草地上竟然有個圓柱狀的水泥塊，就是化糞池啦！平時令人望之卻步的地方，此時卻是我們最興奮的發現，不管之前對它的印象有多差，至少那是塊夠硬、夠大的地，可以讓腳架穩固地承載望遠鏡與赤道儀。

有了第一次澳洲觀星的經驗，這次我們就不再傻傻的從台灣帶鉛蓄電池來了，而是直接以租車的汽車電池來驅動赤道儀。本來以為第一天晚上的天氣就這樣沒有希望了，打算隔天再租車，好省下一天租車費的，沒想到晚餐過後，天氣忽然放晴，但此時已經太晚，租車店早就休息了……

就這樣放棄了嗎？NO！

我們回到超級市場買了兩條延長線以及兩顆露營用的6伏特電池，高高興興的回到房間，開始將電池串聯成12伏特，接上號稱吃電怪物的Vixen SkySensor2000自動導入系統控制器，深呼吸一口氣，打開控制器電源，「嗶」了一聲，螢幕出現文字，真的可以用耶！太高興了！也太佩服自己了！周遭似乎響起馬蓋先百戰天龍影集的主題曲。

天下無難事，只怕有心人，就是要想盡辦法去解決問題喔！這是我們小心將電池改裝成串聯的照片。

架好望遠鏡，一切準備就緒，接下來就是我們的第一次了。嗯，是第一次用Vixen GP-D赤道儀對南天的極軸啦！

在北半球，你只要對好極軸望遠鏡的時間與日期，把北極星放在極軸望遠鏡的小圓圈當中，就算是大功告成了！到了南半球，沒有南極星，只能透過極軸望遠鏡，在天南極附近的搜索四顆星所構成的不等邊四邊形，慢慢放入極軸望遠鏡的指定位置。這四顆星比北極星還暗，再加上天上的星星隨便都可以連成一個不等邊四邊形，就像是仰望星空，感覺到處都有北斗七星一樣。

兩年前到艾爾斯岩時，忽略了這個重要的差異，帶了一台沒有標示不等邊四邊形的舊型赤道儀，當時只憑著一張天南極附近的星圖，猜測天南極的位置，追蹤精確度勉強可以接受。這次帶了較新型的赤道儀，卻找不到這四顆星，其實應該說，每次都只

在飯店後陽台往外拍的固定式攝影，由於曝光時間比較短，所以星跡比較不明顯，但仍可看出天南極的大概位置喔！照片右下角就是架在化糞池上的赤道儀。

找到三顆星，因為當我們好不容易將三顆星放進極軸望遠鏡裡的位置時，才發現找錯對象了，該擺第四顆星的位置卻沒有第四顆星。

就這樣，在南半球沙漠秋天入夜陡降的氣溫當中，偶爾以熱茶暖暖身子，活絡筋骨後，以半蹲加上向右歪斜

60度的姿勢，繼續尋找這空虛的天南極。

應該經過半個小時了吧！大腿肌肉發出罷工申請，意志力也漸漸散失，不甘願的再次檢查腳架

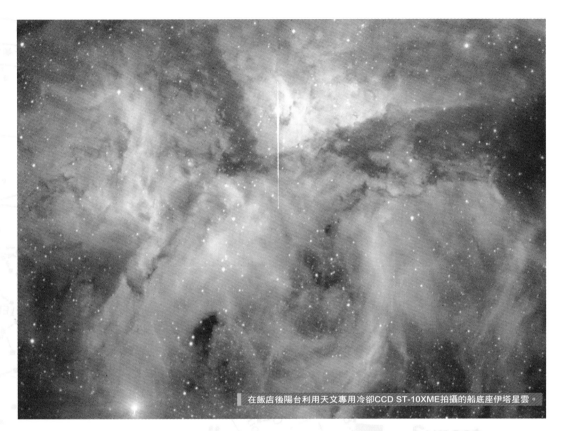

在飯店後陽台利用天文專用冷卻CCD ST-10XME拍攝的船底座伊塔星雲。

的水平與赤道儀的仰角與方位，極軸望遠鏡裡忽然出現了最有可能的四顆星，一邊旋轉赤經軸，一邊微調極軸的仰角及方位角，這四顆星果真一顆顆乖乖的進了極軸望遠鏡的四個標示圈內，這時腦啡又主宰了一切，所有的疲憊一掃而空，興奮的調整望遠鏡的指向，一切就

在艾爾斯岩國家公園內搶拍全天魚眼照片。

由於日落後能待在艾爾斯岩國家公園的時間有限，我們主要是以固定式攝影為主，照片中的星座是南半球才看得到的倒躺獵戶座。

緒，打開控制器電源，按下ENTER鍵，準備翹著二郎腿喝咖啡的時候，控制器竟然又嗶了一聲，自動重新開機！再按一次，結果還是一樣，難道是MIC的電池比較差嗎？無法供應控制器所需要的瞬間電流！

一切的興奮感瞬間轉換成無力感，腦啡迅速被失落感給完全稀釋，硬撐下來的身體也變得軟弱無力。看來今天晚上只能望著星空空嘆息了！

回到房間，像隻鬥敗的狗攤在椅子上，精疲力盡，沒有了鬥志，只剩下眼睛還能工作，瞄了瞄桌上凌亂的東西，忽然看到筆記型電腦的充電器，仔細看看它的輸出

電壓，正好是12伏特。二話不說，拿出剪刀，把筆記型電腦充電器閹了，喔！不！是把原來的電線剪斷，再把赤道儀的電源線接上，這下子真的可以用了！

因為充電器被拿去驅動赤道儀，筆記型電腦就只能靠自己的電池了。我們就拍到筆記型撐不下去為止，這時天空也開始出現白雲……

經過了一個晚上的折騰，隔天乖乖的去租車，準備傍晚到艾爾斯岩旁拍攝雙彗星影像。

當大家都在日落觀景點欣賞火紅的艾爾斯岩，我們倒比較像是國家公園警察，開著車在四周繞來繞去，尋找適合的觀星地點。因為安全上的考量，秋、冬兩季的艾爾斯岩國家公園僅開放到夜間7點30分，之後警察就會開始巡邏、趕人，所以，日落後大約只有一小時可以拍照，我們必須把握時間。

第三天下半夜濕氣較重，從這張全天魚眼照片，還是很難看清楚雙彗星！

在公路旁拍C/2001 Q4彗星方向的星跡。

在公路旁拍C/2002 T7彗星方向的星跡。

還好，前一天晚上已經在房間後陽台練習一次，這次對極軸的效率就比較高了，望遠鏡架好之後，稍微調整方位，那四顆星就乖乖的出現在極軸望遠鏡之內，天還沒黑，我們的儀器已經校正好了。澳洲看到的彗星，就像在台灣看到的一樣，抬頭直接看，根本分不出天上的哪兩個點是彗星……不過還好我們這次去澳洲的主要目的，是要利用我們自製的全天魚眼相機拍攝，不需要特別將鏡頭對向彗星，節省不少時間。七點過後就可以看見國家公園警察開始開著車四處巡邏，我們也很配合，在七點二十分將儀器收好，

衝出國家公園。

　　第二天的星空仍然很美，於是我們回到度假村停車場後，偷偷地將車子上的電池拆下來，搬到房間後陽台外的化糞池上，繼續拍攝南天的星空。雖然將汽車電池拆下來不是什麼壞事，但還是會怕被別人誤會我們對車子動了什麼手腳，所以隔天天才微亮時，我們就將汽車電池裝回車上，心想這樣應該是天衣無縫了。

　　發動車子之後覺得車子安靜許多，喔！原來沒開音響。我們按了按音響開關，出現的不是電台頻率的數字，而是提示要你輸入密碼的英文字。原來昨天將汽車電池拿起來後，失去電源的汽車音響以為自己被偷了，啟動防盜機制，現在重開機後，得輸入密碼才能使用音響！我們就這樣開了兩天安靜的車子，直到還車時，才很不好意思地跟租車公司說音響的問題，還好他們一點也不care，當然也沒有再多收錢，好加在喔！

　　第三天晚上，天氣依然不錯！我們又回到了兩年前拍星星的地方，度假村出口左轉往艾爾斯岩的公路旁。沒有國家公園內的時間限制，終於有時間好好對照從台灣帶去的英文與日文雜誌上的彗星軌道預測圖，好不容易才找到藏在茫茫星海中的主角：Q4和T7啦！我們可能已經被百武彗星和海爾‧波普彗星，這兩個可以用肉眼就輕鬆看到彗尾的彗星寵壞了，對這兩顆同時出現的雙彗星，怎麼看都不太滿足…，好難想像肉眼看不到彗尾的彗星喔！確實有那麼點失望！

　　看了這些，好像我們都只是在拍星星，其實不然。在艾爾斯岩的日子非常愜意，白天欣賞紅色沙漠的風光，晚上享受南半球的星空，完全沒有其他雜事，不像在台北時的忙碌，也不會一回家就被制約的打開電腦。這樣的時光，真令人沈醉！周圍的一切是那麼的熟悉，第二次到澳洲，雖然少了第一次出國的興奮，但仍有說不完的幸福感覺！Feels like home！

南十字

離開艾爾斯岩之後，為了要搭國際線返回台灣，我們留在雪梨兩天，順便參觀雪梨最古老的天文台。如果你也要夜間去參觀天文台的話，要事先打電話預約喔！照片上方還可以看到南十字呢！

站在澳洲的中心，可以享受原始的紅色大地與純淨星空！
艾爾斯岩對我們來說，就像唐朝詩人杜甫所描寫的～相看兩不厭啊！

star

澳洲艾爾斯岩與國外觀星設備

我們前往國外觀星的經驗，就是去澳洲艾爾斯岩的這兩次了。雖然次數不多，但是仍有些重要的觀星心得，希望能和往後也想到外國觀星的人分享。

南極點附近沒有南極星，只能利用靠近天南極的四顆暗星來對準，所以攜帶的赤道儀要有南半球使用的極軸望遠鏡，才能較快速、準確的對好極軸。

這是在澳洲飯店後陽台開拍的照片，望遠鏡的重錘桿底部鎖上了67相機作平衡。

因為托運行李的重量有限，打包前先想清楚拍攝的過程會用到哪些器材，在國內先組裝一次，確認赤道儀的平衡、負重沒有問題，才開始打包，並盡量利用相機作為重錘，以減輕行李重量。

國外的底片很貴，也不一定買得到平時愛用的型號，所以底片多帶一些。

因為底片要帶回國內才沖洗，為了避免出入海關的X光行李檢查機不小心讓底片完全曝光，買個底片X光保護袋裝所有的底片，會比較安全些。現在海關的X光行李檢查機不會傷害到感光度在1600以下的底片了，不過，有用有保庇。

觀星器材要穩固的打包好，最好能利用EPE防撞泡綿割出與儀器一樣的外型。打包完成後，蓋上行李箱，在行李箱外面再加裝一、兩條固定帶，避免行李箱的鎖頭或開關壞掉，而讓所有行李傾巢而出。或許還可以在家中模擬機場行李被丟包的情形，再打開行李看看儀器是否移位，以確認儀器能通過行李運送人員的考驗，安然運抵目的地。

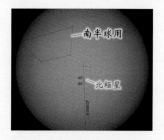

南極點附近用來校正極軸的四顆暗星呈現不規則四邊形，極軸望遠鏡的旋轉方向與位置都必須要剛好，才能同時將這四顆星都放入極軸望遠鏡所標示的位置中，所以不必觀測經度與標準時間的經度差。

對極軸之前，先將極軸望遠鏡盡量精確的指向正南方，仰角也要先調整到觀測地點的緯度，比較容易在極軸望遠鏡的視野內發現所要找的這四顆星。

為了減輕全天魚眼相機的重量，我們狠下心來，在它的周圍一圈鑽了孔。

我們這箱行李要托運出關時，被海關攔下，他們有點兇的質問我們裡面是什麼，打開來一看是望遠鏡，他們都笑了出來，原來他們從X光掃瞄監視器中看到的很像槍炮彈藥呢！

astronomy 4 for you

分享為快樂之本

電影《臥虎藏龍》中的主角李慕白說：「緊握雙手，以為掌握了什麼，其實什麼也沒抓到：只要張開雙手，便能擁有一切！」

　　拍天文照片的成就感，只能讓天文熱情燃燒個一、兩年，要在天文領域中加入更多、更耐燒的木材，才能讓心中的火延燒得長長久久，這就是我們推廣天文、與人分享的最大收穫。

　　我們拍的天文照片，稱不上精美，但用在教學上卻已經足夠了。從大四教學實習開始，就喜歡把自己拍的天文照片當作獎品，送給在地球科學表現良好的學生，適逢海爾·波普彗星的熱潮，一些大學同學也很捧場，跟我們加洗天文照片做為獎品，連河瀚天文讀書會的學長姊們，也在傅老師的介紹下，加入加洗的行列，不過他們大部分是加洗放大的天文照片，作為教材或提供學生練習分析、研究之用。那時的我們開始蒐集沖印店贈送的放大折價券，這就是我們兩個的第一筆天文基金，再加上台北市天

star

文協會的通俗天文講座、天文實驗室，還有寒、暑假在國小、國中、高中甚至是教師們的天文營隊，以及在永和社區大學開課等的講師費、投稿報章雜誌和教科書等的微薄照片稿費，天文基金才慢慢充實起來，成了我們日後添購天文器材的資金之一，雖然不多，但很有成就感。

有時候，天文照片得來的比金錢更具有價值和紀念性。例如1998年參加台北市教師旅遊攝影比賽，為我們贏得了生平的第一部電子防潮箱，當時就算已經有了些積蓄，也還捨不得花錢買呢！同年年底，收到日本雜誌寄來日幣5000丹的獎金，我們用Pentax67相機和魚眼鏡拍攝

銀河中心附近，曾被用於九年一貫前國立編譯館出版的國中地科課本封面底圖。

獵戶座鳥狀星雲M42，曾被用於國立編譯館出版的高中地科課本第四冊。

照片中央的月面坑洞為哥白尼坑，曾被用於九年一貫國立編譯館出版的國中地科課本中。

1997年9月17日中秋節的月全食，其中全食的照片曾放在空中大學的認識天文課本中。

的夏天銀河，有幸被刊登在1998年12月份的《SkyWatcher》雜誌上，同時拿到第一點的獎勵。如果能在該雜誌上累積到20點獎勵，他們還會派專人來台灣採訪拍攝者喔！隔年，用相同的器材所拍攝的秋天銀河再次刊登在1999年2月份的雜誌上，又拿到了一點！可惜的是，後來該雜誌改成《星空NAVI》雜誌，累積點數的活動也就消失了。雖然如此，這活動意義非凡，讓我們感受到天文無國界，成功的踏出第一步，接下來就更有信心放手嘗試，啥米攏無驚啦！

這是67相機105mm標準鏡拍的天蠍座，由於底片較大，所以星點比較細緻。

志同道合的好朋友——河瀚讀書會

一群從師大地球科學系所畢業，任教於台北縣市國、高中熱愛天文的學長、姊們，為了能持續在天文方面成長，於1996年6月共組了河瀚讀書會，以研究天文、推廣天文教育為宗旨，並請傅老師指導。當時我們兩個還是大四學生，只聽傅老師提過這個特殊的天文讀書會，卻沒有機會接觸。傅老師從中牽線，向學長、姊們推薦我們拍的天文照片，才開始接觸這一群心目中的偶像，學長、姊們都是很厲害的老師，以我們的能力，根本不敢加入讀書會，即使偶爾出現，也只敢坐在旁邊靜靜的聽。直到畢業後，也當上了老師，才在1998年年底加入，雖然和大家的年齡差了好幾歲，但是從那時候開始，學長姊就已經成了我們生活中不可或缺的好伙伴。

河瀚讀書會的中心支柱是帶領大家編織天文夢的傅老師。1999年，河瀚在師大幫傅老師慶生，我們把所有的燈都關掉了，只剩下蛋糕上的燭光搖曳。記得傅老師對著大家許願說：「希望我們的夢都真的能實現！」我們兩個的夢想真的就在祝福之下逐步成為可以實現的理想。

河瀚的學長、姊們對我們十分照顧，丟給了我們許多在天文社、天文營演講的機會，在家祥學長的引介下，我們更獲得翻譯《從哈伯看宇宙》一書的難得機會，大

家也在傅老師的催生下，一起出了天文科普書《星星的故事》。後來玉燕學姊邀我們參與教育部學習加油站高中地球科學教材資源中心的網站製作，則是促使我們邁入e世代，學習如何製作網站、運用電腦多媒體等資源，來彌補平時教學的不足，為日後參加台北市中小學教師多媒體比賽，以及將資訊融入教學的運用奠下基礎。

借用儀器的游牧日子

還在師大念書時，只要是農曆月初、月底，就會向系上借儀器上山拍照。但自從加入河瀚之後，學長姐們知道我們很迷天文攝影，便經常找我們去作客串講師，帶社團學生上山觀測，順便幫儀器做健康檢查。除了增加天文基金的規模，也換來學長姊的信任，願意將儀器借給我們測試、使用。當然這些是有條件的，我們也得拍攝部分特定的影像，作為該學校學生研究使用。一直到有能力買器材之前，我們經常就這樣在台北縣市東奔西跑，活像個天文游牧民族，到處借用儀器。無論在幾樓，無論有沒有電梯，無論儀器有多重，我們兩個人都是徒手搬運。也因為如此，我們有機會使用大多數業餘天文常用的天文儀器。至今還是非常感謝曾經不吝借我們儀器的傅老師、鄧耀雄先生和學長、姊們，也很感謝

有一次我們去石山拍星星，因為天氣不好，本來已經要打道回府了，後來開到阿里山公路上，發現天氣有轉好的趨勢，所以選擇在路邊這一塊小空地就開拍了。

祐子學弟將他的FC-76望遠鏡和導星鏡、目鏡等寶貝借我們「保管」一陣子！

還記得在1998年8月的一個週末，我們帶著向和平高中借來的G-11赤道儀、跟鄧先生借用的ST-4 CCD，以及向中山女高借用的FS-102望遠鏡，三體合一，在中和住家附近的烘爐地停車場作上山前的測試，昌任的媽媽從未跟著上山觀星過，也來看看我們們到底在搞什麼把戲。這是媽媽第一次親眼透過望遠鏡看月面。

高中天文社學生們帶到大雪山森林遊樂區的拍星儀器，一字排開，聲勢浩大。

看著月亮上的坑洞，她有些不敢相信的說：怎麼月亮看起來像是還未乾的水泥地被滴到水的樣子！之後我們繼續留在烘爐地測試儀器，茶葉店打烊後，阿爸還買宵夜來陪我們到清晨五點，好感動。後來為了讓遠在嘉義的詩怡媽媽也有機會感受以管窺天的世界，我們還特別將望遠鏡載回南部。當看到家人透過望遠鏡觀賞到星星驚奇的眼神與驚喜的笑容，我們發現能這樣跟家人分享木星、土星、月亮的美麗，就是最滿足的成就了！

師大地科系有一支傳說中的祕密武器——史密特相機（Schmidt Camera），它的特色在於焦距短、焦比小，適合拍攝大範圍的星團、星雲，成像品質也很高，不過它的底片很特別，必須在暗袋中把底片剪成圓形再裝上去，每拍一張就要換一次。用過了各式各樣的望遠鏡之後，我們在1998年11月將這支塵封已久的武器借了出來，用柯達E100S正片拍攝後，問了幾家相館，竟然沒有人可以幫我們沖洗圓形的正片，只好自己動手來了。到台北市漢口街買了幻燈片顯影液、定影液等藥水，到西寧電子市場買數位探針式的溫度計，到水族館買加溫用的石英管，憑著大學天文實習課沖洗負片的記憶，把家中的燈都熄掉，小

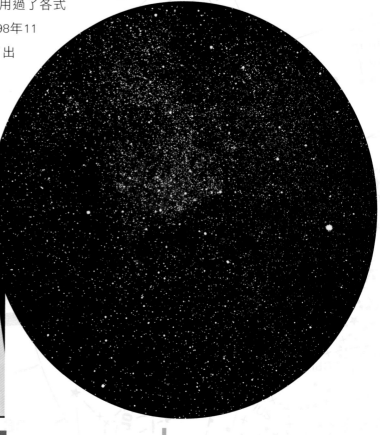

史密特相機適用的圓形正片，須要自己在暗袋中利用裁圓器切成圓形。

用史密特相機拍的北美洲星雲NGC7000。

心翼翼地一個步驟一個步驟的沖洗正片。兩個人就在流理台旁手忙腳亂的控制溫度、換藥水。當看到第一張沖洗出來的北美洲星雲，影像和顏色都很正常的時候，彷彿接生了一個健康小孩一樣令人興奮，之後幾個月我們又拍攝了昂宿星團、馬頭星雲、薔薇星雲等等，感覺真的很棒！這更證明了天下無難事，只怕有心人！這得歸功於大學時代的天文實習課程了。

雖然我們享有到處借儀器的護照，但畢竟儀器是別人的，平時的維護狀況也不是我們所能掌控，就因為如此，每次上山前一定要先將儀器搬回家來測試、整理，甚至是修理，雖然可以學到不少，但相對的也花了許多時間在這上面。幾經掙扎，決定用金錢換取買不到的時間，在1998年11月底訂了一台高橋NJP赤道儀，當大家在慶祝二十世紀最後一年的元旦時，這台夢寐以求且有資格成為未來自家天文台的鎮台之寶，就成了我們的千禧年禮物！有了赤道儀，但還是沒有鏡筒，當時的預算有限，無法一口氣買齊想要的所有器材，導致我們在那一年2月14日情人節還為了要不要買鏡筒的事起了爭執（嘻！原來我們還是會吵架的…），後來協調好先存錢再說，至少現在已經比較不需要擔心借到被別人亂動過的赤道儀啦！

提升推廣天文的戰鬥力 ——通俗天文講座、天文實驗室、樂觀讀書會

也許因為持續拍了些天文影像，也帶天文相關社團的學生上山，傅老師找我們到台北市天文協會演講，那是每個月最後一個週六下午所舉辦的通俗天文講座與天文實驗室，讓我們的天文照片除了被欣賞，還能提供天文實驗室的參加者進行分析，讓學員享受動手做的樂趣，體驗天文學家的研究過程，更希望能藉此提升國內天文觀測與研究的風氣。最後，甚至就讓我們負責起活動的相關工作。

剛開始準備起來確實很麻煩，也很花時間。除了要事先擬發新聞稿、跟報社再次確認、聯繫講師、跟講師催稿、印製講義、加洗天文實驗室分析用的天文照片、印天文實驗室的天文護照貼

紙之外，還要事先到師大本部的進修推廣部登記借用場地、提醒他們準備茶水，再回到師大分部借單槍、筆記型電腦和錄音機等器材，等一切準備就緒，才騎著機車載這些家當到會場。遇上下雨天，還得自掏腰包搭計程

參加天文實驗室的父子檔。

參加天文實驗室的高中生。

參加天文實驗室的社會人士。

車護送器材；活動結束後，再找時間向台北市天文協會報帳、寫報導該次活動的稿子、到師大本部繳交場地費等等。當輪到我們當講師時，除了剛剛說的繁瑣細節之外，還要自己搬出指標告示牌、張貼活動海報、處理現場報到與簽到、發講義、拍照記錄等事宜，就像「校長兼敲鐘」，如果不是憑著一股對天文的熱情，早就不幹了！

還好剛開始有上修學姊一起幫忙，後來才由我們兩個接手。當我們正水深火熱的在念研究所時，還好有台北市天文協會周聯生先生和孫建業先生，讓通俗天文講座和天文實驗室得以持續，最後將棒子交給從高中時代就認識他們的學弟孝爾和克權，有趣的是，克權在高中時

還是我們天文實驗室的學員呢！真有長江後浪推前浪的感覺，也讓我們感受到這些推廣活動的影響力！很慶幸曾走過這克難的一段，從幻燈機的舊時代到單槍投影機的e世代，演講技巧也因次獲得磨練的機會，最令人心動的是演講結束後，那些前來詢問相關問題的聽眾們恍然大悟的滿足神情，更深深感受到推廣天文的責任何其重大，真想讓大家都能感受到，看到星星就有成缸的腦啡倒進大腦中，那種醍醐灌頂的舒服。

台北市天文協會也會辦理一些天文觀測活動，例如中秋節的賞月活動或每個月例行性的觀星活動，還有在東北角風景管理處的觀星活動等，都讓我們接觸到許多愛看星星的民眾，了解舉辦這樣大型活動的準備流程。最難忘的是1999年6月由台北市天文協會創立的樂觀讀書會，在每個月

冬季霸王獵戶座的星跡。

分 享 為 快 樂 之 本

的第一個星期五晚上7：00至9：00聚會，參加人數約10～20人，每位成員對讀書會都很支持，參與度也很高，我們有幸擔任第一屆會長與副會長，以書會友，在天文書的世界裡認識更多不同的人，獲得更多的成長。

讀書會成員背景十分多樣，有公務員、商、工、研究助理、家庭主婦、國小老師、大學教授等，雖然許多人都是頭一次參加天文讀書會，但全都是熱心、謙虛的好朋友。在正式成立前的說明會前一晚，詩怡還熬夜到當天凌晨四點，反覆思考了許多當初成立天文讀書會的想法，想想第一次見面時，怎麼跟這些社會人士說明讀書會的未來圖像，確認年度行事曆、製作簽到表與會議紀錄、整理報名者的名冊等。還記得創始成員陳逸鵬先生寫了篇文情並茂的〈樂觀讀書會命名辭〉，其中提到「以樂觀天文星河無涯雲和飄渺雅美的純淨心靈，來達悟宇宙浩瀚學海星座神話奧秘的智慧真理」，將當時陸續成立四個天文讀書會：河瀚、星河、樂觀、星座全串在一起，而我們也才有「快樂觀星」的好名字。「達悟」、「雅美」是蘭嶼原住民族名的新、舊稱呼，對原住民文化感興趣的他，覺得這兩個族名的字面含義都很好，所以放進這個獨特的命名辭中。

相處一年下來，我們打從心底佩服這些成員們旺盛的求知慾，比即將參加升學考試的學生還用功呢！就像我們第二屆會長、退休的國中教師鄭念雪老師所說的：

「從前我對天文一竅不通，感覺好痛苦喔！」「後來經蔡章獻台長等專家的指點，買了許多的書回家拚命看。有一天，我對天文書裡講的東西突然頓悟、開竅了！」「所以我好希望趁現在，能一直多吸收、多學習，也好希望透過讀書會，將徘徊在外的有心人，領進天文的門裡來，幫助大家發現學習天文的樂趣。」看著他們滿心歡喜的笑容，相信這群人對天文這樣的熱情，會持續感染周圍更多的人！

開啟閱讀天文的一扇門
——觀星人雜誌

積極推動本土天文雜誌，是傅老師的其中一個夢想，許多河瀚的成員都成了編輯顧問群，這是大家的天文夢付諸實行前的第一步。從1999年12月創刊至今，觀星人雜誌已經邁入第六年了，雖

然因為規模不大，沒有在各大書店鋪貨，但是每個月的內容都十分精彩，介紹了許多豐富的天文知識，中文內容更是減少了語言隔閡，開啟台灣閱讀天文的另一扇重要的門。緊接著的2000年寒假，由觀星人雜誌社主辦、河瀚讀書會承辦、我們兩個負責籌畫的第一個台北地區千禧年寒假天文營活動，包括了國小、國中和高中天文營，詩怡很幸運地請到剛回國不久的中央大學理學院葉永烜院長、中央大學天文所的陳文屏教授、黃崇源教授、中研院天文所的李太楓院士、師大地科所的管一政教授、傅學海教授，以及河瀚讀書會在中學任教的地科專業師資，還有一群出身地科優秀的學長姊、同學們、學弟妹擔任營長與輔導員，可以說是超強卡司，前所未見。雖不算百分百完美，但能完成這項大工程，著實讓我們信心大增。

觀星人雜誌社與河瀚讀書會合辦的千禧年寒假天文營，最後一天我們帶小朋友去參觀台北市立天文科學教育館。

走入大眾——永和社區大學的星星月亮太陽

1999年是天文夢想急速起飛的一年，好多環節都同時動了起來，所以這一年裡也顯得格外忙碌。累積了些教學和推廣活動的經驗，正有些無從發洩時，傅老師注意到社區大學即將成立的報導後，馬上告訴我們這個消息，由詩怡負責去接洽社大籌備處，詢問申請開設天文課程的相關事宜，希望能將天文推廣至一般社會大眾的心中，我們的課程也有機會用在不同年齡層的民眾身上。傅老師再次鼓勵，我們又是信心滿滿、不顧一切的勇往直前，但因為擔心人手不足，還特別商請了教學經驗豐富的佩宜學姊和幽默活潑的麗琴同學加入我們的行列，龐大的師資陣容就這樣浩浩蕩蕩地在社大開課了。星期二從學校下班後，應該是相當

累的時間，但是在社大的週二夜晚，總是令人感動到忘了白天在學校上課的疲勞，從阿公、阿嬤等年紀比我們大的學員，到年紀比我們小、充滿活力的社會新血，以及一些國中、國小的老師，個個都比在學的學生還要積極，每個人就像晾在文化沙漠許久的乾癟海綿，終於找到綠洲一般，展現出對天文無比的渴望，那種學習的動機與認真的態度，才是終身學習的動力！

其實在社大開天文課，真正受益的是我們。在這裡，我們首度接觸到成人教育的世界，不是只有帶帶觀星活動而已，還要想辦法用他們聽得懂的語言，或是將抽象的事物以活動的方式讓大家了解，利用各種機會讓每位學員

我們帶社大學員參觀師大地科系天文台時，他們利用14吋望遠鏡所拍攝的月亮。

提出心中的疑問，發表他們的看法，彼此交流。除了教學相長，我們還能了解學員們所從事其他領域的行業，認識各種不同背景的人，推廣天文的視野因而變得更開拓，也讓我們體會到將天文知識「生活化」的教學，才是能深入人心的天文教育。如果晚上天氣好，我們便會暫停原訂課程，帶學員們到教室外進行觀測，看到學員們認出星座，從望遠鏡裡看到木星、土星、月面等的喜悅，我們感覺到推廣天文的夢想已經有一部分漸漸達成了。每個學期末都有的社大成果發表會，輪值的學員們滔滔不絕地跟參觀民眾敘說自己的學習經驗與學得的天文知識，彷彿看到自己的小孩已經長大，可以獨當一面，學以致用了！

有時候學員們也是關心我們的好朋友。有一次我們利用下課時間在教室趕著吃晚餐，一位住在附近的學員，還貼心的跑回家中，帶了一碗親手醃製的小菜來請我們吃，這頓加了濃濃人情味的晚餐，讓我們有點受寵若驚！請吃東西不是重點，他們所擁有的大方、願意與人分享的心，才是我們最珍惜，也最被感染的！能在社大與這一群快樂的城市觀星族共同成長，是我們的幸運！

社大成果展攤位。

社大成果展時，班代很認真地為民眾講解。

我們帶社大學員到玉山國家公園塔塔加觀星，隔天一早就有人煮了好吃的早餐喔！

star

聽他們説説接觸天文後的想法～

我們在永和社大星星月亮太陽課程的每個學期期末，都會請學員們在聚餐時與大家分享自己的心得，看著他們比手劃腳地努力敘述天文跟他們之間的深厚情感，我們真的打從心底佩服所有曾經用心學習天文的學員們！以下節錄了一些第四學期學員們的期末感言，看一看就知道來社大的學員都是很可愛的喔！

學問無止盡
張振興 先生

製造業退休，目前於人壽公司服務的張先生説：「我有訂地理雜誌，裡頭夾了一份黃道十二宮的圖，星座一大堆，我將它釘在牆上看。剛好社大有這個課程，我就來上課了。非常喜歡老師的教學方式，準備的資料也都很豐富，還有電腦呈現輔助，這樣的理解比較快。」

做人要謙卑
柯允枝 先生

學看風水、地理多年的社大第四學期班代柯允枝先生，是班上最年長的學員。第一次上課時，還幽默地自我介紹他的姓氏是「柯林頓的柯」呢！期末聚餐時提了個問題，連我們都被問倒了，我們猜應該跟黃道光有關吧！他説：「當我還是小孩子時，覺得很好奇的是，為什麼清晨約四、五點時，天已經有點亮了，卻會突然變暗，過一陣子才真正天亮？」「我爸爸説因為皇帝有三宮、六院、七十二嬪妃，一個晚上走不完，所以天亮之前希望能再暗一下，就可以走完了，不知道是不是真的？」

很高興自己會了
徐碧卿 女士

有兩位就讀國小的孩子，也常常來旁聽，徐女士的學習態度對小孩而言，是一個很好的榜樣！「兩、三年前去奮起湖，看到別人在認星星，我卻什麼都不知道。我很高興認識了冬季大三角，也知道月亮是從哪邊升起的。」她笑著指上課時曾出來表演的人……那一節課，有好幾個人為了月亮的運動爭辯，最後我們請他們自己當月亮轉轉看，看到他們恍然大悟的表情與滿足的笑容，我們知道，他們終於弄懂了！

世界大，還是宇宙大
潘增鑑　先生

擔任社大義工社社長的潘先生，幽默詼諧的說：「我學的不多，都是我阿媽害的，我阿媽説『別記喔，記得不好喔！』我以前以為天文是少男、少女在月光下的事情，我不知道原來學問是這麼深奧。」「我很對不起我們這一班，大家週末上午去參觀天文館時，我以為是晚上才要去，害大家都等我一人。」「很感謝所有的老師，教的那麼多，我卻學得那麼少，我也不敢告訴老婆我學了多少，但還是會對著星空告訴她那一顆星是什麼……」「我過去一直以為世界比宇宙大，我以為世界就這麼大，而宇宙有多大？一直是個爭論的問題。上了這個課程才知道，眼睛看不到的，望遠鏡一看、相機一拍，居然還有別的星球、星系在！你如果知道什麼叫偉大，就要來讀『星星、月亮、太陽』，就知道什麼是偉大。」

宇宙何其大
傅瓊成　先生

與人合夥開工廠的傅先生説：「獲益良多，不及講述，只是夜深人靜，昂首仰望天空之時頗有感觸……」「上了本課程略微一窺宇宙的奧祕，也才知道宇宙是何其大也，而地球只是浩瀚星際中的一小點，人在地球上窮其一生汲汲經營，更是不留絲毫痕跡。」他還説覺得我們的課程蠻好玩的。

求取正確的觀念
何成南　先生

從事製造業工程設計的何先生幽默地説：「原本我學的東西都是冷冰冰的，天文學也是冷冰冰的，不過天文學的星星、太陽就是很熱的了。以前我也不知道星宿、黃道十二宮、太陽的前世今生是什麼，現在終於知道了。對月亮最大的收穫為，知道月的圓缺是因為我們看它被太陽光照射的角度的關係。」他還補充了班代柯先生提的問題是「黎明前的黑暗」，他説：「那個時間大概是清晨四點左右。我是金門人，小時候完全沒光害，還有燈光管制，所以感覺得很清楚。」「如果有人問我選修天文學才一學期，能學多少天文知識，我認為知識不在多寡，而在於求取的正確觀念，至少上過天文學後，糾正了很多以前一些天文上的錯誤概念，如月缺陰暗部分的光是被地球擋住。另外，打開黃曆，再也不會被那些值日的星宿搞得霧煞煞。」

一償幼年的宿願

林克文 先生

林先生的文筆是大家公認的好，聚餐座談當天，他還指定要念給有事未能出席的傅老師聽聽他的心聲：「慶幸在傅學海教授所帶領的一群既專業又年輕的老師引導下，不僅一償自幼喜歡天文的宿願，亦增進了許多更寬廣的學識。」「深感人類科技文明縱然已邁入了第二十一世紀，惟真正能夠探索到之宇宙太空，卻僅是那一小段的歷史和那一小撮的空間，對於那渺遠綿長的光年及廣袤無涯的宇宙，絕對是人類智慧所永遠無法探根究柢的，當然此亦正待著那一群偉大的天文科學家繼續地去努力。但我相信，憑藉我們無止無盡的思想悠遊，是足以掌握這整個宇宙。倘若容我重新再選擇的話，我願再度回到那兒時的夢境裡來看這整個宇宙太空世界。」

幸福萬分

陳順福 先生

從事自由業的陳先生在心得分享時，特地提了一篇「宇宙的形成與恆星的生死」的報告，講得非常清楚，筆記也寫得很好，令我們敬佩！他還說道：「個人深深體會天文學的先驅西方領先，英文底子為學好天文的不二法門，但很遺憾，自己英文不太行，恐失去學天文的良機，希望傅老師及各位老師能帶領多出些中文書籍，就很幸福萬分了。」「以前對天文知識都是片段的，經由傅老師演繹的教學，還有各位老師活潑的教學，讓我收穫很多。」

不時抬頭看星星

高禎蔚 女士

曾任職於石化公司的高女士，現在改行經營獨特風格的茶藝館了，她曾經選修了兩次我們的課，從她的作業與上課的參與度，看得出來她對天文的用心與興趣，「建議大家可以再修一次課。」「本學期是我第二次再修天文課，因自上學期由『上看看』到『非常好玩』後，本學期再來上課，雖有些課程重複，但不同的老師有不同的講解也很有意思。上天文課一年來收穫不少，從對九大行星都分不清，到對宇宙的運行有概念，甚至不時抬頭尋找星星，留意星星的新聞，蒐集當月星星資料。」

每個人可以表達不同的意見

李建樹 先生

從事電話總機的維修與裝機工程的李先生說：「原本我對天文方面感興趣，但知道的並不多，上了一學期的課以後，覺得收穫很多，很多錯誤的觀念也改正了。如四季中的夏天與冬天，我原本以為夏天是地球離太陽較近，而冬天是地球離太陽較遠的錯誤觀念；正確是夏天太陽直射北半球，冬天太陽直射南半球而斜射北半球。」「我認為我們班的教學很輕鬆，也很活潑，每個人可以表達不同的見解與觀念。這學期觀星的次數太少了，只有一次，但很有收穫，能親眼看到冬季大三角與冬季大橢圓。再經過老師的講解，使我們對星空更了解。老師也拍了獵戶座照片與百武彗星的照片發給班上學員。」

付出就會傑出

林秀鳳 女士

家庭主婦的林女士，很開心地說：「我下學期還要再上課，之前是朋友推薦我來的。人家說付出就會傑出，我也要叫我同學來上課。」「上了那麼多課，只有天文課，吸收最多，因為老師陣容最強，也是最科技先進，能吸收不同老師的風格，不同老師提供不同資訊，所以上天文課我高興得不得了！」她還說：「尤其傅老師上課非常有趣，常問學生一些搞怪又有學問的問題，想回答，又會怕，常常上課笑到下課。因為傅老師總會說：『你怎麼又知道？』常常學生講不出所以然又要出糗，所以我下學期還要選天文課。」「我不敢說老師累積那麼多的智慧，一下子就要全部吸收，那是不可能，最起碼我懂得一些，像星座的由來、二十四節氣、怎麼看望遠鏡、什麼是哈伯太空望遠鏡、日月食、銀河系、彗星、流星種種，是我以前沒接觸過的。」

star

107

觀賞特殊天象的新風潮
——流星雨及火星大接近

1998年11月17日星期二，是天文學家預測獅子座流星雨近三十三年來最大的極大期，由於想要一睹流星雨天花亂墜的風采，我們事先調開隔天的課，跟學校請了事假，在星期二下班後馬上驅車南下。沒想到這次號稱三十三年來最壯觀的流星雨，在媒體的大肆報導與過度渲染之下，下班後的全台灣到處塞車，熱門的森林遊樂區也人滿為患，連電視台的SNG車都跑到高山做實況轉播。聽到這樣的路況，剛好阿爸隔天要到梅山買茶，我們就選擇了一同到茶山看流星「就好」。信心滿滿的一邊聽著警廣的塞車新聞，一邊更改路線，阿爸說要帶我們到一個沒有人知道的山頭，保證沒有光害！沒想到這個默默無聞的小茶山，竟也都是人滿為患，在熟識的茶農開路下，我們才得以到達山頭上。茶樹旁可憐的高麗菜菜園被一窩蜂搶著觀星的人又躺又踩的，驗證了自古以來，天文一直存在人類心裡深處的好奇。雖然那一晚的流星數目不如預期，但清晨那一顆最大最亮的流星，感覺離我們好近、好近，就像在身旁似的，拖著很亮的長尾巴往下掉，還伴隨著嘶嘶的聲音，最後流星的前端還燒成火紅色的呢！果真是百聞不如一見，能親眼看見，說什麼都比任何書本、任何課程還要更有意義！

在山上常遇到想要一探究竟、又不敢提問的人們，在望遠鏡旁晃來晃去，但是因為自己急著拍攝而忽略了這些渴望與天文接觸的民眾。原本也不覺得這樣太殘酷了，在永和社區大學開設天文課程之後，我們才深深體會到一般民眾對於天文的好奇與好學，間接促成了2003年8月27日火星觀測活動。

因為行星觀測比較不需要高山無光害的嚴格條件，使得這樣的觀測活動可以更親近大眾。為了回饋鄉親，我們選擇在中和烘爐地停車場舉辦免費觀測火星的活動。原本只是想帶家人與社大學員進行觀測，有一家報社得知後將消息刊在報紙的一小角，這下子就成了不得不辦的公開活動。我們沒有辦理這種活動的經驗，不知道會有多少人來，心想如果

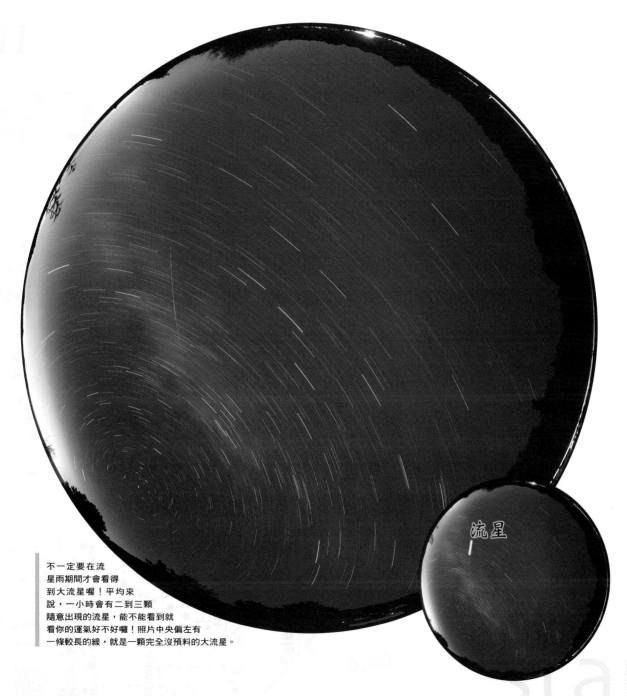

流星

不一定要在流
星雨期間才會看得
到大流星喔！平均來
說，一小時會有二到三顆
隨意出現的流星，能不能看到就
看你的運氣好不好囉！照片中央偏左有
一條較長的線，就是一顆完全沒預料的大流星。

真有人看到消息來了，人數應該也不至於太多，所以只拜託了師大地科系的兩位學弟——孝爾、克權，以及大學同學大立和老爸朋友的兒子——哲閔弟弟過來幫忙。

到了烘爐地，居然連平時幾乎沒有車子的內側停車場都快停滿車輛了，我們趕緊找個空位停車、開始架望遠鏡，還在納悶怎麼有這麼多車的時候，一個陌生人靠過來問道：「聽說這裡可以看火星，就是這一台望遠鏡嗎？」原來他們都是看到報紙上的消息，特地來這裡看火星的。確定是這一台望遠鏡的消息就這樣迅速傳開來，原本分散開來的人群瞬間像是看到糖果的螞蟻，向望遠鏡迅速聚集，深怕自己排得太後面而錯過機會似的。我們

在人牆中的有限空間下架好望遠鏡，準備校正極軸的時候，已經有人很自動從望遠鏡後面想看看火星到底長什麼樣子，即使望遠鏡明明就不是指向火星。

民眾對天文的好奇與渴望，展露無疑。

還好剛要就讀國中的哲閔弟弟主動幫忙請民眾排隊，維持秩序，民眾終於能夠依循著排隊觀看了。有人看了之後留下的是「這麼小喔！我以為會多清楚勒。」等令人喪氣的話，但也有民眾看了之後發出「哇！火星耶！」的讚歎，此時的我們，就像怪獸電力公司裡面聽到小孩尖叫聲的發電廠一樣，電力又更充飽了些。

某些民眾會邊看望遠鏡邊回頭問問題，感覺上停留時間比較久一些，後方排隊的民眾以為我們偏心，開始抱怨了起來。正當不知道該如何取捨的時候，學弟們趕緊

幫忙拿著平板電腦，走到隊伍後方，播放我們之前拍攝的火星動態影像，讓排在後面的民眾先看看等一下可以從望遠鏡內看到什麼樣的景象，焦躁的情緒才獲得安撫。詩怡也利用時間走到隊伍當中，用我們那神奇的綠光雷射筆跟民眾們介紹星座，這麼多人同時抬頭仰望星空，好像一群企鵝同時抬頭般可愛！昌任與孝爾、大立則在望遠鏡旁彎著腰邊解說邊調整，抽個空挺直身軀休息一下，才發現遠從桃園和新店

原來火星的魅力這麼大！不管男女老少，好多民眾都跑來我們這邊排隊要看火星呢！

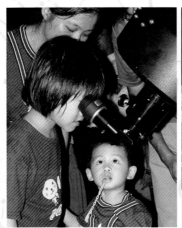

前來支援的克權學弟幫忙用平板電腦讓等不及的民眾一睹為快。

star

來的大姊、大姊夫和二姊、二姊夫都在排隊，但是為了公平起見，也只能抱歉地讓他們在隊伍中慢慢等候了。

由於我們是在烘爐地比較裡面的停車場觀測，當天又停滿了車，有些民眾看到消息趕來，卻只在外面的停車場找。看不到望遠鏡在哪，就去問管理中心的人員。管理員被問到煩了，乾脆打開擴音器，用國台語混雜著廣播說：「這裡沒有望遠鏡可以看火星啦！你們被騙了！要看火星去台北天文館啦！」這段話弄得排隊的民眾們哈哈大笑。隔了半個鐘頭左右，才又聽到廣播改口說：「要看火星的請繼續往前到立體停車場前面，那裡有望遠鏡可以看。」

就這樣，從晚上七點一直到十一點半，人潮就像浪潮，一波接著一波，隊伍仍然維持上百人，這樣的景象，讓我們精神振奮，但是因為隔天學校就要開學上課，如果民眾繼續排隊，我們無法回家休息，會影響到隔天的正事。只好親自出馬，站在隊伍的最後方，向要來排隊的民眾說明我們的苦衷，但仍有民眾堅持要排進來，讓我們實在很難拒絕，還好學弟們也幫忙勸退，這才使得隊伍沒有繼續加長，順利在十二點多結束觀測活動。

收完望遠鏡，才感覺到疲憊。

好像每次都是這樣，看到星空與人潮，就忘了自己的精神不濟。

這次火星大接近的觀測活動，有師大地球科學系學弟們的鼎力相助，再加上民眾的熱情支持，雖然只是免費的活動、雖然不像天文館一樣有號召力、雖然烘爐地管委會剛開始廣播說：「我們這裡沒有望遠鏡可以看火星啦！」還是讓忙翻了的我們樂在其中，期許下次還能再和大家一起共享。

拜火星之賜——
與媒體結緣

2003年8月底的火星熱，是繼1998年獅子座流星雨之後炒得最熱的天文活動了，我們也因此有了上電視的機會。

因為和台北幾位天文同好保持聯繫，再加上8月初我們就在中和烘爐地停車場利用網路攝影機（webcam）拍攝到不錯的火星影像，在同好楊正雄先生的引介之

下，部分新聞媒體找上了我們，也讓我們有了第一次被新聞和報紙採訪的經驗。

第一次被新聞採訪，是我們到東森新聞的大樓去拍攝的，而聽到公共電視新聞將親自到家中做「火星大接近，天文迷追星裝備齊全」的深入報導，更讓爸、媽卯足了勁，將二十幾年的小茶葉店整理得特別乾淨，也讓全家一起期待8月26日火星大接近前一天播出的新聞。

雖然我們不是大明星，但是新聞播出時父母親眼中那種驕傲、與有榮焉的感覺，以及此起彼落來自親朋好友的詢問電話，讓爸媽興奮了好久，連詩怡來不及事先通知遠在嘉義的高中死黨，甚至是媽媽的同事，也都「不小心」看到了公視的報導，大眾傳播媒體的影響力果真不容小覷，能將所有的影像和聲音，跨越時空傳送出去，無論你在哪裡，只要打開同一個電視頻道，就都能看到了。我們很佩服來採訪的兩位公視記者。拍攝之前，她們很親切、用心地詢問我們相關的細節，最後還到烘爐地停車場進行實地拍攝，前後整整花了三個小時，

只為了剪接出完美的三分鐘新聞報導。而當我們臨時需要一位專家來增加新聞的可信度時，傅學海老師也馬上從台北市騎機車來中和，幫我們增加新聞的說服力。

本以為火星熱就這樣結束了，

PC home 雜誌93年10月號的創意教師就是我們啦！

分享為快樂之本

沒想到PC home電腦家庭雜誌看到之前聯合報的報導，對於我們利用網路攝影機拍攝火星的方法相當感興趣，為了介紹數位工具也能輔助觀測天文奇景，他們親自登門來訪問，把我們用網路攝影機記錄火星影像的方法刊登在2003年10月的「創意教師專欄」中，「用WebCam記錄火星——數位工具也能輔助天文奇景觀測」，真讓我們過足了被採訪的癮。

又是一段令人興奮的經驗，但我們感受最深的，是媒體的力量，也更感受到推廣正確天文知識的急迫性與重要性。

處處有潛在的天文人口

接觸天文這麼多年來，我們深信在台灣社會中，還有許多未被開發的天文人口。

有一次我們在玉山國家公園夫妻樹停車場拍星星時，旁邊也有三戶人家在露營，還有好幾位小朋友，都跑來看我們的望遠鏡，好奇溢於言表。剛好那一天的天氣時好時壞，我們索性放下手邊的拍攝工作，介紹起雲洞中出現的星座，他們拿了一大包水煮花生請我們吃，最後乾脆一起坐下來，把從家裡帶上山的好茶泡給他們喝。完全不認識的人，可以在山上有說有笑，就因為星空而開啟了話匣子。他們說平時工作很辛苦、忙碌，所以假

日帶全家上山來度假，把手機關掉，不接任何跟工作有關的電話，這樣才會有真正的休閒。很羨慕他們這樣的阿莎力！

平時我們拍星星，會在清晨收完儀器，躺在車中補眠，一直到太陽曬進車內，睡飽吃飽後就直接開車回台北，很少在大白天人多的地方拍太陽。最近為了在玉山國家公園的塔塔加停車場拍攝太陽黑子和日珥，望遠鏡仍擺在停車格，日出後，果然引來許多看日出和爬山、走步道民眾的圍

這是我們第一次在塔塔加停車場讓路過的人看太陽黑子與日珥,這些同樣喜愛天文的民眾有的是小朋友,有的是國中生,還有大學教授喔!從他們的眼中,我們看到了認識天文的喜悅與滿足感。

觀。有了之前的經驗,面對大批的民眾,我們比較會應對了,不會讓他們帶著失望的眼神離開,趁著跟他們解說望遠鏡和觀測目標的空檔,可以先趕拍一些照片,然後開放讓民眾親眼看看。一旦開始,總是有斷不了的人潮,雖然前一晚熬夜的我們有些精神不濟,但是陸續湧過來的民眾和他們的笑容、讚歎、感謝聲,像是在身上打了一劑又一劑的腎上腺素,馬上變得超有精神,眼睛睜得大大的、嘴角上揚,開始發揮當老師的本能,隨時隨地解答民眾的疑問,這就是分享的快樂!我們還會拿出相機幫他們拍照,請他們留下e - mail,回家後再將他們觀測時的照片寄給他們,民眾也非常高興,直說以後有任何觀星活動都要記得通知他們。

我們相信台灣處處有潛在的天文人口,你也是其中之一嗎?

激情過後,總是有些空虛。上媒體的感覺很過癮,但是回頭想想,這都是大家給我們的機會,往後我們更要繼續往推廣天文的路前進,這是我們的動力來源,也是我們學習天文的最大使命。

日觀山水有詩意,
夜覽星空更怡情;
天文教育待昌盛,
此路道遠而任重。

(感謝第一屆樂觀讀書會會員陳逸鵬先生在2000年1月為我們兩人所寫的嵌名辭!很有意思吧?)

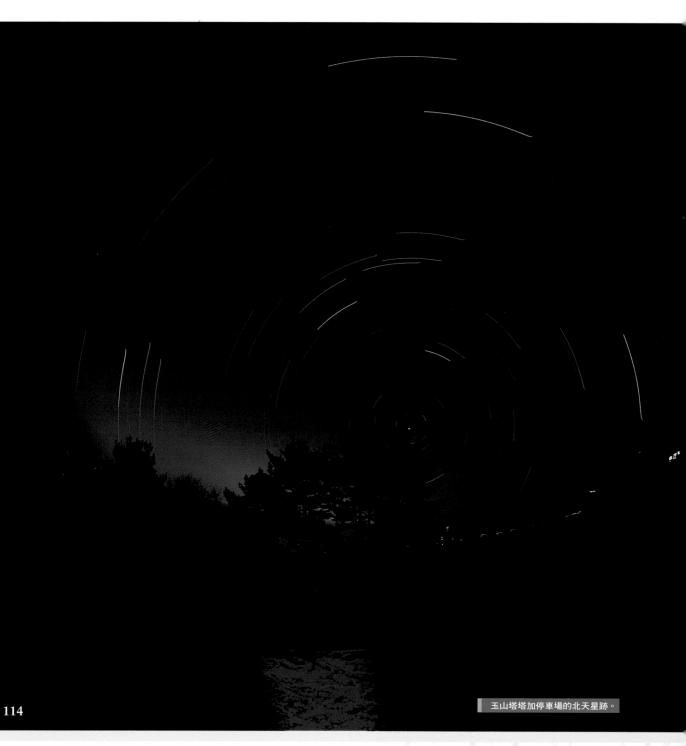

玉山塔塔加停車場的北天星跡。

astronomy 5 for you

任天堂與怡宏願

我們就像電影〈心靈點滴〉中的主角一樣，堅信有一點點的「過度樂觀」，
對靈魂是件好事！

　　從一開始拍天文照片，我們就希望能藉由影像，讓住在台灣的民眾知道：
美麗的星空，不一定要到國外才有。其實，因為台灣所在緯度較低，加上擁
有高山峻嶺，只要開幾小時的車程，就可以享受到連日本人都羨慕不已的高
山星空。

　　認識星星，才知道自己肉體的渺小，也才能真正體會到傅老師在教學影帶
裡的那句話：「以這小小的腦袋，去探索無窮的宇宙，你，不覺得很神奇
嗎？」

　　物質的大小有限，但是思想的範圍無窮。

star

我們的終極目標，就是希望台灣人能夠知道這塊土地上有著許多美好的事物，更希望大家都能有基本的天文知識，至少能認識星座，跨出了解天文的第一步，也才會知道生活中不是只有電視節目，不是只有電腦遊戲，還有好多好玩的事物等待我們去發現和享受，天文就是其中一項。

這看似簡單的願望，卻在一次又一次的推廣活動中，發現更多實行上的問題。光靠我們兩個瘋子的傻勁是不夠的，還要結合其他可用的資源，才有機會在這一生結束前完成天文夢。也因為如此，每次開車時，就是我們兩人夢想的時間，除了自戀的欣賞我們的車子之外，許多異想天開的想法也一一冒出來。

後院天文學

在自家後院看星星，對於美國人來說是很正常的事，但是對於地狹人稠的台灣來說，似乎沒有實現的客觀條件。1998年的獅子座流星雨，日本證明了天文觀念的推廣，可以彌補客觀條件的不足。

如果你已經是一個天文迷，應該不會忘記1998年獅子座流星雨的空前盛況吧！前往小雪山、玉山國家公園的車子大排長龍，受盡塞車之苦，更慘的是，終於塞到目的地，卻因為人為的光害影響，只看到幾顆零星的流星。

同樣是人擠人的環境，日本許多縣市的居民卻在當天主動配合業餘天文學家的建議，一起關掉燈光，讓住宅附近的光害減少，回到農村時代的天空，大家不需要塞車到郊外或高山上，坐在自己公寓的頂樓陽台就可以觀賞美麗的星空，冷了可以加件衣服，渴了可以喝杯熱茶，欣賞完了大自然精彩的表演還可以立刻回房睡覺，一舉數得。

近幾年國內的露營風氣興盛，尤其是設備精良的露營車，幾乎占據了每個高山風景區的停車場。

在星空下把酒言歡，確實是很棒的感覺！但是把高山營造成為另一個像城市一樣燈紅酒綠的地方，就太浪費了。

當人們點起了自以為了不起的白熾燈光，打開自以為是天籟的音響，讓大家都注意到他的存在

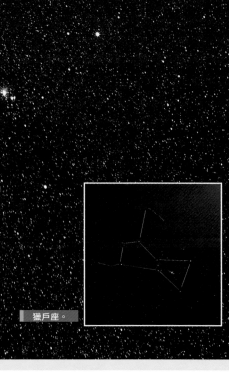

獵戶座。

任天堂與怡宏願

時，卻沒有發現，光線不只縮小我們的瞳孔，狹隘了我們的視野，更奪去人類深植在最內心的渴望——回歸大自然。

如果我們現在還無法凝聚共識，一同降低生活周遭的光害，至少，我們不要再讓魔掌伸向高山風景區。當然，我們沒有阻止車主上山露營的權利，只是希望大家在高山上看到業餘天文學家在拍攝星星時，也能配合著將車子的大燈關成小燈，緩慢經過，而步行的人能將手電筒以另一隻手遮住，照向地面。這樣一來，台灣的業餘觀星族才會像公路旁的螢火蟲一樣，在昏暗的環境下漸漸發亮，漸漸增加數量，與大家一起分享這片星空。

不過，並不是高山才能見到美麗的星空，也不是高山才能從事天文觀測。有一次河瀚讀書會聚會時，利用師大地科系的14吋望遠鏡，讓學長、姊們看獵戶座的鳥狀星雲M42，我們才第一次看見M42明顯的霧狀雲氣當中，原來是這麼美！真的有原文書上所說不規則四邊形的四顆星呢！上山都忙著拍照，沒有機會好好欣賞這樣的美景，真是浪費！其實只要天氣好，都市地區像是台北市，還是可以做一些基礎的天文觀測與研究喔！而都市地區的後院天文學也可能不只是夢想！所以我們寫了下一章的「星八課」，希望能對於想進入天文領域的男女老少有所幫助。

我們的夢中情人——高山天文台與真實星象館

建立一座高山天文台，是我們跨進天文後的終生心願之一，也是自我實現的重要里程碑。

兩個水瓶座所想出來的天文台，當然要與眾不同！呵呵，不是要標新立異，而是希望能發揮最大的功效。

高山星空，是這座夢想天文台最大的資源。

在我們的規劃裡，高山星象館就是像巨蛋球場一樣，有著可以開闔的球形螢幕。半球型的內部，除了像市區中的星象館，能藉由星象儀投影出模擬星空之外，在天氣狀況良好的夜晚，做完基本星空介紹後，開啟半球形的屋頂，大家就可以坐在原位，直接對照觀賞真實的星空。

高山夜間相當寒冷，所以除了椅子要有加熱功能之外，電毯、

熱飲是一定要的，不過熱飲僅限於在星象館外飲用。另外，聽完統一解說、導覽後的剩餘時間，每個人還可以利用扶手上的個人液晶觸控螢幕，依自己的需求顯示所要辨認的星座，選擇讓綠色雷射筆在真實星空中指示所要辨認的星座連線，便於個別化地學習辨認星座。這樣的夢想夠瘋狂吧！這還只是我們奇想中的一小部分而已呢！

業餘天文攝影家專用的平台、天文體驗活動與大型天文教具，都將會設置在旁邊的空地上，讓大家可以從早到晚玩一整天，只要來一趟這座高山天文樂園，就可以自己在參與中學到基本的天文觀念，也才來得及將天文的樂趣傳出去，感染給大家。

遠端遙控天文台

2003年8月，我們的教書環境從國中轉到了高中，終於可以帶領天文社的學生嘗試做天文方面的科展或研究。高中生真的對天文很感興趣，也很有潛能，但是在繁忙的課業與校園夜間管制下，限制了學生晚上進行天文觀測的機會，但是，在天文研究的過程中，實際觀測是很重要的一環。

經過一年的實驗教學後，確實，高中階段推廣天文的最大問題就在於此。如果能夠有一座屬於高中生甚至是國中、國小學生的高山遠端遙控天文台，天文觀測將不再有時間與空間的限制，因為學生將可以事先申請觀測時段，在夜間利用家中連上網際網路的電腦，遙控高山上的無人天文台，操作望遠鏡指向，甚至可以利用天文專用的冷卻CCD將影像拍下來，傳回自己的電腦中。學生對於天文的喜愛，也將會從星座故事提升到天文研究的層次。近年來，科技與網路的發展，讓這樣的遠端遙控天文台不再是夢想，國外許多廠商也已經陸續開發出針對遠端遙控使用的望遠鏡與天文台套件，就只差國內的建設地點與經費了。

在我們的夢想當中，這座高山遠端遙控天文台除了提供學生觀測、研究之用外，還要能自動針對幾個較具有研究價值的天體做長期追蹤觀測，甚至在特殊天象發生時，能提供網路即時影像直

播的功能。另外，搭配網頁的圖文說明，引導民眾在家門口就能自行試著進行觀測，畢竟，能夠親眼看見真實的影像還是比看電腦螢幕的影像來得真實多了。

行動天文台──全台走透透的天文車

以前我們在日本的天文雜誌封底，曾經看到某家廠商廣告一台由大卡車改裝而成的天文車，超級羨慕的，但總覺得不實用。這幾年深入了解台灣的教育建設以及天文設施之後，才赫然發現天文車的重要性。

許多學校都有天文台，也有不錯的望遠鏡，但受限於觀測時間與地點，實際發揮作用的寥寥無幾，造成天文資源的浪費與不均。偏遠地區的學校有著極佳的天然條件，卻沒有經費與人力可以建立一座天文台；光害嚴重的都市地區卻是天文台林立，造成極不協調的對比。可以在短時間內平衡這種怪現象的，就是天文車了。

為何不是只像我們兩個現在這樣開著休旅車、載著望遠鏡到各地去推廣就好？

經過了火星大接近的觀測活動後，我們深深感覺到，除了讓民眾親眼看見之外，更要讓民眾知道自己在看什麼，以及這個天象有什麼重要的意義，最好能在排隊的這段時候裡，給他一些學習刺激。當然，我們可以每次帶著發電機、單槍投影機，甚至是音響設備、戶外大螢幕到處跑，這樣瘋狂的事，我們曾經做過，但是這些設備每次都用得到，如果每次都要花相同的時間架設，就少了機動性與時效性，更會增加了因天候而損壞的機會。

如果有一台天文車，除了直接透過望遠鏡觀測之外，還有可以即時將觀測目標投影到車外螢幕的裝置、播放特殊天象發生原因與說明影片，如果可能的話，還

可以師法電子花車，搖身一變成為戶外表演台，舉辦小型的晚會，帶領參與的群眾體會天象成因與意義，讓民眾深深記得這次的活動。更重要的是，這輛天文車將可以深入台灣每個角落，服務各地區、各年齡層的民眾。台灣有319個鄉鎮，一年剛好可以巡迴一次，真正將天文的種子撒在每個角落，好在下一次特殊天象發生時，大家發自內心地願意一起在夜間關掉或遮蔽社區內的燈光，在自己的庭院或家門口看星星。

或許會有一天，在台灣的某個角落，除了看到行動咖啡館之外，還多了我們的行動天文台喔！

觀星人頻道

從第一次上報紙、第一次上電視到第一次上雜誌，我們感受到大眾傳播媒體的重要性與影響力，看著英文發音、中文字幕的國家地理頻道與Discovery頻道，瘋子又開始做夢了！會不會有一天，台灣也能有一個觀星人頻道呢？能不能像歐美影集或連續劇一樣，成為大家每天所期盼的節

本書出版時，我們的另一個夢想又實現了。這就是我們向台北市教育局申請設立在南湖高中九樓的台北市數位遠端遙控天文台，以及學生利用無線網路測試遙控的情況。

目呢？如果一切如願的話，還可以結合天文車做SNG實況轉播，將各鄉鎮的天文美景介紹給大家。

我們是不是想太多了 ?!

會有這些夢，就是因為我們之前所歷經的一切太過美好，目前為止，夢想似乎都有實現的可能。不過，好像美好得有些假，會不會到最後，只是南柯一夢，只存在我們的曾經過往？這些曾有過的快樂、曾有過的感動、曾有過的期望，讓我們寧願就此長夢不醒，永遠沈浸在其中。

如果這一切是楚門的極樂世界，周遭的一切為何又如此真實？這種矛盾的感覺該如何解釋呢？

實現夢想的地方，就是天堂。

astronomy **6** for you

追星族的星八課

星巴克董事長霍華‧蕭茲(Howard Schultz)堅持找出美式咖啡的問題,再進行改良;對天文入門者而言,找出問題,便是成功的一半!

　　本章「星八課」整理了與前面文章相關的八大類主題,希望幫助有興趣成為追星一族的你,自學成功,內容包括:

　　第一課　星海羅盤——星座盤的使用與星座辨認;

　　第二課　以管窺天——認識望遠鏡;

　　第三課　追著星星跑——認識赤道儀;

　　第四課　基礎天文攝影;

　　第五課　進階天文攝影;

　　第六課　數位天文攝影;

　　第七課　一起DIY;

　　第八課　失敗為成功之母。

第一課、星海羅盤
—— 星座盤的使用與星座辨認

一、認識星座盤

使用星座盤之前,要先了解星座盤的各部位名稱與功能,接下來就能很快的上手!

(一) 時間、日期:

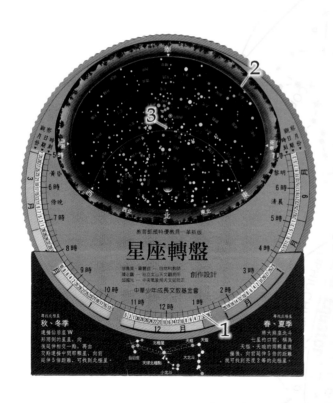

因為地球每天由西向東自轉,使得一天之內看到的星星會東升西落,加上地球還繞太陽公轉,造成每天同一時間的星星在天上的位置也略有不同,所以在使用星座盤認識星星之前,要先旋轉星座盤的外圈,將觀測當天的日期與觀測的時刻對齊,才能找到正確的星空。圖中就是將12月17日對準0點的情況。

(二) 地平線:

我們在沒有雲、沒有光害的晚上雖然可以看到滿天星斗,但還是看不到某些星星,並不是說這些星星消失了,而是這些星星在我們的地平線之下,所以我們看不到它們。星座盤上的橢圓形缺口表示我們的地平線,而缺口內所包含的就是在地平線以上的天空。這個橢圓形四周還標示了東、西、南、北四個方位,要看清楚喔!因為星座盤的設計是要拿來仰頭(由下往上)對照星空

大犬座，其中最亮的一顆星就是大犬座的第一亮星，也是全天恆星中最閃耀──天狼星。

用，所以東、西方向和一般低頭看地圖（由上往下）的方位標示不同。

(三) 天頂：

既然橢圓形缺口內代表天空，那麼橢圓形缺口的正中央，就是天空的正中央，也就是天頂囉！天頂的仰角是90°，地平線的仰角是0°，你可以利用這樣的關係，判斷某顆星的仰角是幾度，再配合地平線上的方位角，就可以找到這顆星了！

現在就來練習一下吧！請將星座盤上的12月17日對準0點，再將整個星座盤的方向擺成和圖示一樣，找找此時的天狼星在橢圓形天空的哪個位置？要講出方位和仰角喔！答案在本書的附錄頁，請先別偷看答案喔，以免喪失了一次寶貴的練習機會！

二、 辨認星座

船隻需要羅盤才能在茫茫大海中辨認方位，辨認星座也需要一個指引方向的羅盤，這個星海羅盤就是一般書局或天文館都有賣的星座盤。

從小到大，許多學校課程都會教你如何使用星座盤，但是因為星座盤是將天上分布在立體空間的星星壓縮、投影到平面後的產品，導致星座盤上大部分星星的相對位置與實際星空有些差距，也造成星座盤上的星座形狀與真實的不同，增加了認星星的困難度。

以下是我們在學著認星星時的一些心得與建議步驟、注意事項，提供給大家參考：

(一) 從天頂附近下手：

天頂這個點對於剛開始學認星星的人相當重要，因為這是天空中最不會搞錯的方向，抬頭就可以找到了。接下來可以參考星座盤，找出當時在天頂附近的星座，當然也要先知道所在觀測位置的方位囉！

(二) 掌握行星動態：

看星星之前，可以先翻翻天文雜誌，或是到台北市立天文科學教育館網頁查查現在的行星動態。雖然行星本身不會發光，只能反射太陽光，但是因為這些太陽系內的行星，相較於其他恆星而言，非常靠近地球，所以一般肉眼可見的行星，包括水星、金星、火星、木星、土星的反射光，在夜空中看起來都有可能比全天第一亮星——天狼星還要

傍晚的春季星座，可以看到由北斗七星斗柄延伸出來的春季大曲線。

大角

北斗七星

角宿一

亮。如果沒有事先做功課的話，可能會誤以為這些行星是當季的主要亮星，那麼不論你再怎麼努力的認星星，都只是徒勞無功。

(三) 先找出當季星空的主要亮星及主要排列特徵：

　　例如春季有沿著北斗七星斗柄到牧夫座的大角、室女座的角宿一的大曲線，還有由大角、角宿一、獅子座的五帝座一所構成的春季大三角；夏季有被銀河分隔兩地的天鷹座牛郎星、天琴座織女星，加上天鵝座的天津四所組成的夏季大三角；秋季有飛馬座肚子的秋季四邊形；冬季有獵戶座的參宿四、大犬座的天狼星、小犬座的南河三所形成的冬季大三角。

(四) 再利用相對位置與相對亮度去辨認星座：

　　利用與當季星空的主要亮星與主要排列特徵的相對位置、相對亮度去辨認星座，以此為出發

冬季大三角。

參宿四

南河三

天狼星

秋季四邊形。

點，找出屬於同一個星座的其他較暗的星星，或是再找出位於附近的其他星座。記得相對位置要從方位、仰角來判斷，看看在主要亮星的哪個方位、哪個仰角處有其他星星；相對亮度則由星座盤上的星點大小去判斷真實星空的星星亮暗，星點愈大的表示看起來愈亮，星點愈小的表示星星看起來愈暗，一般來說肉眼能看到最暗的星星大約是六等星，不過這還跟天候狀況與光害程度有關。

都市觀星小撇步：選擇地點與擋光

(五) 熟能生巧：

認星星就像是學開車一樣，一次長時間的記憶還比不上短時間多次的練習。當你忽然認出某個星座之後，先記得它的方位與仰角，然後可以在附近閒逛一下，換個位置再抬頭看一次，通常這時候又認不出來了，先別氣餒，再回到我們教你的步驟，一步一步來，就又可以找到它們啦。以後只要天氣不錯，無論是在高山或平地，就要馬上再次練習，以增加自己對這片星空的印象。辨認星星最有效的方法，就是三五好友一起去，大家能一起討論天上哪一顆星是哪個星座的，當然，如果有個已經會認星座的人同行，那麼進度就會快很多。

都市觀星小撇步：到樓頂觀星

(六) 都市觀星的小撇步：

許多人都會抱怨：「台北的光害嚴重，不適合認星星。」其實，對於初學者而言，台北的環境反而較適合認星星。就是因為光害的關係，許多暗星都無法看到，天上只剩下零星幾顆較亮的星星，減少了認星星的複雜度，很容易就可以找到當季的主要亮星。如果一開始學習認星時，就只選擇到高山上去，不僅損失了許多練習的機會，也會被滿天的

星星給迷失了方向喔！

　不過，在都市看星星有個小撇步，就是盡可能不要讓光線直接進到眼睛裡，這樣瞳孔才能盡可能的擴大，也才有機會看到較暗的星星。那麼應該要怎麼做呢？首先，你必須要挑一個大部分路燈都在你身體同一邊的地點，再用類似鹹蛋超人的姿勢，用手或其他東西將燈光擋一下，過個一、兩分鐘讓眼睛適應，你就會漸漸看到星星了。當然，如果住家公寓或大樓的樓頂視野寬廣的話，也可以到頂樓陽台，放低姿勢蹲著或躺著，四周的矮牆就會幫你擋去下方路燈的光囉！

三、 選擇好觀星地點，接下來就是綜合上述幾點，開始認星囉！

(一) 以8月1日晚上10點為例：

　1. 面對觀測地點的北方：

　初學者在以下的所有過程中，都要保持面對北方，避免方位混淆。

　2. 找出觀測日期與時間：

　旋轉星座盤，讓8月1日這一格對準晚上10點（22點），此時星座盤橢圓形缺口內的星星，就是當時在地平線上

的星空。

　3. 將星座盤置於頭上，正面朝下。

　4. 將星座盤上的北方對準真實方位的北方。

　5. 看看星座盤上橢圓形缺口中央的地方，也就是頭頂的位置，是否有較大顆的星點：

　以8月1日晚上10點為例，橢圓

形附近為織女星，代表8月1日晚上10點的時候，織女星就在你的頭頂附近的天頂位置，抬頭看看，你就可以認出第一顆星星了！

6. 面對北方抬頭看星空，你會發現織女星的右前方（約東北方向）還有一顆比織女星暗一點點的星星，這顆星和織女星之間的距離，大約是手伸直後握拳的拳頭寬度，將星座盤面朝下拿到頭上，你應該可以知道，那一顆星就是天津四！

7. 再面對北方抬頭看星空，這時你可能得將頭再往後仰，你又會發現織女星的右後方（約東南方向）有一顆也比織女星暗的星星，距離比織女星和天津四之間還遠，那就是牛郎星了！

8. 這三顆星連成的三角形是不是很像一個直角三角形？而且直角的那一顆星最亮！

恭喜你！你已經找到夏季星空最明顯的特徵「夏季大三角」了！這雖然只是認星星的一小步，但卻會是你在天文方面的一大進步！絕不蓋你！因為認識星座的過程中，最困難也是最無法精確言傳的，就是星座之間的相對位置與大小。認出夏季大三角之後，你就知道它在天上到底有多大，與星座盤上的夏季大三角相比，就會知道其他星座在天上大約會有多大。

舉例來說，由織女星連向牛郎星，繼續延伸大約牛郎、織女之間一半的距離，就可以看到一顆亮星，這就是摩羯座的其中一顆亮星，而摩羯座的寬度和牛郎、織女之間的距離差不多。利用類似這樣的方法，從夏季大三角向外延伸，一個個找出其他的星座。

(二) 先等一等，咦？怎麼看到星空和星座盤的都不同勒？

如果有這樣的情況發生，那麼請你先檢查一下時間與日期是否還對齊著，以及方位是否正確。

如果這些都沒有問題，那麼你很有可能犯了一個大多數人都會犯的錯（這一句話好像在哪裡聽過……），就是當你把星座盤放到頭頂的時候，南方、北方擺反了。

許多人喜歡將星座盤的時間日期對齊之後，放在膝蓋上先看看星星的相對位置，再將星座盤放在頭上。這樣有什麼錯呢？如果依照你習慣的方式，兩手拿著星座盤兩端，經由你的面前轉到頭頂上，絕對會造成星座盤上的北

方指向南方，而南方指向北方。

　　建議你一個比較不會犯錯的方法，就是僅用一隻手拿星座盤，從身體側面轉到頭頂上，這樣就不會出錯了！

四、 星座盤的正確使用方法

(一) 先將星座盤放低，對準觀測日期與時間。

星座盤對準北方

(二) 如果你直接將頭抬高看星星，而沒有將星座盤拿到頭上，那麼星座盤的東西方向會與觀測地點的相反，當然無法與天上的星星對應。

(三) 如果兩手拿著星座盤兩端，經由你的面前轉到頭頂上，會造成星座盤上的北方指向南方，而星座盤的南方指向北方。

直接抬頭看星星

(四) 如果僅用一隻手拿星座盤，從身體側面轉到頭頂上，就可以讓星座盤的南北方向與觀測地點的方位吻合。當然，你也可以將星座盤拿到頭上，面朝下以後，再旋轉整個星座盤使得方位吻合。

星座盤的錯誤使用方法

(五) 如果你想要依照我們寫的指示踏出認星星的第一步，可是又錯過了8月1日晚上10點，不要就這樣空等一年喔！你還是可以在不同日期的不同時間看到一樣的星空！

　　現在將星座盤上的8月1日對準晚上10點，看看時間與日期的這一圈，是不是還有好多時間和日期也對齊了，例如：6月1日的2點或是7月3日的0點，這代表同樣的星

星座盤的正確使用方法

星座轉盤 ◎林詩怡

教育部國特優教具一革新版

7月3日0點

中華少年成長文教基金會

尋找北極星
秋、冬季
連接仙后座W
延伸3倍距離，可找到北極星

8月1日晚上10點

6月1日2點

春、夏季
尋找文峰星
往後，向前延伸5倍的距離
就可找到亮度2等的北極星

辨識星座 判斷其他時間

空會也在6月1日的晚上2點或是7月3日的晚上12點看到，當然你就可以在其他時間利用我們上面寫的指引認出你的第一顆星！

再舉個例子來說，如果你在7月13日到高山上遊玩，晚上想要試著認星星，那就可以把星座盤的8月1日對準晚上10點，此時的7月13日對準的是23點40分，那麼就可以在這個時間根據前面的指示試著認認看囉！

很難嗎？不要輕言放棄！千萬不要忘了，我們倆是從連北斗七星都認不出來的天文白癡，慢慢修練到現在的功力的，你現在最差也才和我們當時一樣而已。什麼?! 你已經會看北斗七星了，那麼你已經贏在起跑點了，會進步得比我們還快的！

基本上，將星座盤上的9月1日對準晚上8點之後，只要其他日期所對準的時間是在夜間的，都可以在對齊的時間與日期，利用上述的方法找到你的第一顆星！發現了嗎？所謂的夏季大三角不一定要在夏天才看得到，春天的凌晨與秋天的傍晚也有機會看到喔！

因為地球公轉的關係，有時真的一整晚也看不到牛郎、織女、天津四這三顆星。千萬別因此偷懶喔！為了讓你能夠把握每次在山上看星星的機會，我們還寫了下面幾個指引，讓你在不易看到

夏季大三角的其他時間，能找到其他季節的主要星空特徵！

五、再練習幾次

(一) 以6月1日晚上9點為例：

1. 面對觀測點的北方。

2. 旋轉星座盤，讓6月1日這一格對準晚上9點（21點）。

3. 將星座盤置於頭上，正面朝下，並將星座盤上的北方對準地理上的北方。

4. 看看星座盤上橢圓形缺口中央，也就是頭頂的附近有一顆亮星，是牧夫座的主星——大角星。抬頭看看天頂附近，不要懷疑，最靠近天頂的那一顆帶點紅色星星就是大角星啦！你已經認出第一顆星星了！

5. 認出大角星之後，回到星座盤上，會看到在大角星的南方有一顆亮星，就是處女座的主星——角宿一。面對北方抬頭找到大角星之後，再往後仰一些些，你會發現大角星的後方，還有一顆和大角星差不多亮，但是略帶藍白色的星星，那就是處女座的角宿一囉！

6. 看到熟悉的星座應該很興奮吧！再抬頭看星空，你又會發現大角星的右方較遠處有一顆也比大角星暗的星星，比大角星和角

宿一之間的距離還遠一些，在西方地平線上大約45°的地方，這就是獅子座的主星——軒轅十四了！

(二) 以2月1日晚上9點為例：

辨識星座 2月1日

1. 面對觀測點的北方。

2. 旋轉星座盤，使得2月1日這一格對準晚上9點（21點）。

3. 將星座盤置於頭上，正面朝下，並將星座盤上的北方對準地理上的北方。

4. 橢圓形附近偏北方一些些有一顆亮星，就是御夫座的主星——五車二。面對北方抬頭看向頭頂，就可以在頭頂往前一些些的地方看到這顆五車二。

5. 回到星座盤，會看到天頂偏南的地方有許多亮星，那就是冬季鼎鼎有名的獵戶座。其中最接近頭頂的兩顆星當中，有一顆比較亮，這就是獵戶座的主星——參宿四。為了避免你一直往後仰頭造成傷害，現在轉身面向南方，抬頭看向頭頂附近，在頭頂往前一些些的地方，就會看到這兩顆星，其中左方的星星比較亮，而且略帶紅色，那就是參宿四了！

6. 持續面對南方天空看，參宿四的左前方還有一顆比參宿四亮一點點的藍白色星星，不要懷疑，那就是全天看起來最亮的星星——天狼星。

7. 如果觀測地點的南方可以看到很低的地方，繼續面對南方往下找，就可以在地平線上方不遠處看到一顆和天狼星差不多亮的星星，那就是全天第二亮的星星──老人星。

在你還不太會看星星的時候，最好能依照本書的內容，一步一步慢慢來，先認出這幾顆星，才不會因為挫折感太重而放棄了。但是，一切都按照我們的內容，會大大限制你看星星的時間。所以，當你已經對星空有所概念之後，可以根據之前所認出來的一些當季星空特徵，搭配觀測時間與日期，再參考其他天文書籍、天文圖鑑所說的認星技巧，找出「春季大曲線」、「春季大鑽

用135相機50mm標準鏡頭拍的御夫座。

御夫座

石」、「秋季四邊形」、「冬季大橢圓」等星空特徵，由點到面，一點一點的擴大認識的範圍。

　　沒有人天生就會看星星，我們認星星的功力也是這樣一點一滴累積起來的，希望這些指引能對你有所幫助。

　　如果你看到天上有一、兩顆非常亮的星星，但是星座盤上卻找不到，不要懷疑，那就是行星出來攪局了！再次提醒你，看星星之前，先查詢當月的行星動態，才不會錯把行星當主星而認錯星座了！

在台灣看得到南十字，但是會緊貼南方地平線上；如果你到澳洲去，那麼南十字就有機會升到仰角較高的天空中。

如果你要出國旅遊，順便看看不同地區星空的話，要記得一件重要的事：不同緯度所看到的星空不同，台灣的星座盤不一定能用喔！最好能到當地買一個星座盤，既正確又能作為特殊的旅遊紀念品。

六、 認星寶物──綠光雷射筆

三五好友一起喝熱茶、看星星，是最愜意不過的事了！但是在看星星的時候，往往會發生一個況狀，那就是我指的是哪一顆星，別人看不出來，同樣的，別人指的是哪一顆星，我也看不出來，最後搞得雞同鴨講，各說各的。有人想到用強光手電筒照出來的光束來指星星，但是光束必須要藉由空氣中的水滴或灰塵的反射，效果才會好，這樣一來，天氣愈好光束就愈不明顯，似乎不甚理想。前幾年我們在英文天文雜誌的廣告上，看到某公司在賣稱為「starpointer」的綠光雷射筆，加上運費約台幣7,000元左右。掙扎了好幾天，水瓶座的好奇心還是戰勝了勤儉持家的美德，我們決定進口一支來試用看看。

期待了好久，我們訂購的綠光雷射筆終於寄來了。雖然這支雷射筆的功率不高，只有5毫瓦（mw），已經是安全規格的上限了，但是真的可以由雷射筆形成的細小綠色光束，指示出星星的位置。哈！哈！哈！這應該是全台灣第一支吧！當我們用得很驕傲的時候，發現筆桿

綠光雷射筆

上貼了一張小小的金色貼紙，上面寫著三個英文字「Made in Taiwan」！這竟然是台灣製造，出口到美國後，我們再把它買回來的東西！心中實在無法接受，但卻也有些微的喜悅，因為這代表著當時只有台灣有生產這種產品的技術。後來請國內望遠鏡廠商詢問之後，才知道由哪一家生產的，當然也就可以買到比安全規格還高上數倍的新產品。雖然這些更高功率的綠光雷射筆價錢還是一樣貴，但是卻能夠在光害較強的環境之下清楚的指出星星

綠光雷射筆實際使用情形

的位置，成為都市中大夥兒一起認星星的溝通工具，大家還可以輪流著指出自己認為某個星座的連線，再討論是否正確，對於喜歡認星星的人來說，還蠻划算的。

人家說：「沒知識也要常看電視。」沒看過拿綠光雷射筆來指星星的人，至少也看過神探李昌鈺來台辨識319總統槍擊案的場面吧！那一晚鑑識人員在案發現場所架起來的道具之一，就是這種綠光雷射筆，他們利用綠色雷射筆所形成的細小綠色光束，試圖找出案發當時槍手的位置。

李昌鈺博士很神，我們也不賴吧！

市面上超過10mw的綠光雷射筆都很亮，直接照射到眼睛的話，或多或少會有傷害，近距離直視光點對於視力也會有所影響，使用前要先確認雷射筆指向，再按下開關，以免照到眼

睛。另外，因為綠光雷射筆愈做愈亮，傳統底片與CCD對於綠光的感光度又很高，這些雷射筆就成了觀星地點的最新光害。如果有天文同好已經開始在附近拍攝天文照片，也請你將雷射筆先收起來，一同享受這難得的高山星空，等到沒有別人在拍攝時，才秀出你那神奇的綠光雷射筆吧！

七、 黃道十二宮是啥米玩意？

「原來你們是水瓶座的喔！難怪，腦袋會想出這麼多怪里怪氣的東西！」這是別人聽了我們接近瘋狂的想法之後，最常聽到的回應。近幾年，占星術在台灣流行的程度，連我們也大感意外，現代人如果不知道自己星座，大概很難在同儕之間混下去。從一週運勢、今年運勢，到台灣人的十二生肖、生辰八字，還要注意星座速配指數，也難怪最近幾年的結婚率漸漸降低，因為這麼多因素的交集實在太低了。只要知道自己的國曆生日，就能知道自己的星座，這也是占星術能夠快速流行的原因之一。暫且不管星座到底準不準，我們先來搞清楚，為什麼我在這一天出生，就是這個星座的人？

其實一般我們利用國曆生日對照出來的星座，只是占星術眾多星座中的其中一個，稱為「太陽星座」。所謂的「太陽星座」，就是你出生當時，從地球看向太陽的背景星座。所以，你在生日當天是絕對無法在夜間看到你的太陽星座，因為太陽星座在太陽的後方。根據占星術的說法，我們兩個出生的時候，從地球看向太陽，後方的背景星座是水瓶座，所以我們的太陽星座是水瓶座。「太陽星座」掌管你天生的特質，水瓶座的人愛好自由，所以我們兩個天生不受世俗拘束。

同樣的道理，在你出生當時，從地球看向月亮，後方的背景星座，就是你的「月亮星座」，掌管你對家庭的特質；當然，在你出生當時，從地球看向金星後方的背景星座，就是你的「金星星座」，掌管著你對愛情的特質；依此類推，占星術中的「水星星座」、「火星星座」、「木星星座」、「土星星座」等等，都是這樣來的。除了這些，你可能還聽說過有「上升星座」與「下降星座」。好人做到底，我們一同幫你解開這些祕密吧！

「上升星座」所指的是，在你出生的時候，正從東方地平線升起的黃道星座，而「下降星座」當然就是在你出生的時候，正從西方地平線落下的黃道星座。你發現了嗎？如果把黃道十二星座按照順序排成一圈，根據定義，上升星座與下降星座就是在這一圈星座的相對位置上，也就是說，這兩個星座中間差了五個星座，例如：某個人的上升星座是射手座，那麼他的下降星座一定就是金牛座。下次看到星座專家一聽到上升星座就斬釘截鐵的說下降星座一定是哪一個的時候，你就不會再認為他有多神了。

八、 找出你真正的太陽星座！

在討論占星術到底準不準之前，我們先教你怎麼利用星座盤找出你真正的太陽星座。

星座盤是由至少兩層板子所組成的，下方印有星星的圓盤上有兩個圓圈，一個以鐵釘為圓心，另一個則是偏心圓。以鐵釘為圓心的是天球赤道，而偏心圓

則是你常聽到的黃道了。地球繞太陽公轉，是大家都知道的事實，但是在地球上的人卻感覺不到，所以，從地球看起來，會覺得太陽在天上的位置一直變化，而黃道這個圓，就是一年當中從地球上看太陽在

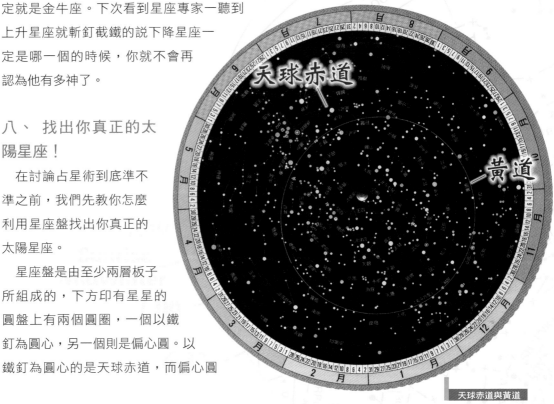

天球赤道與黃道

天上移動的軌跡，太陽的位置還與圓盤旁的日期相對應喔！這條黃道所經過的星座，就稱為黃道星座。現在翻開星座盤，看看你熟悉的這十二個黃道星座，是不是或多或少都被黃道切過去呢？

既然星座盤上的黃道就是一年太陽在天上的移動軌跡，我們就可以利用星座盤來找出你的太陽星座！

此時你可能會想，我都已經知道自己的星座了，為什麼還要找一次呢？不要懷疑，找了就知道！而且最好把親朋好友的生日也都拿來找一找，你才能感受到我們的神力！當然，你也可以以此為藉口，套出你心儀的人的生日喔！

準備好了嗎？按照步驟做，找出你真正的太陽星座！

(一) 以1月1日出生的人為例，找到生日日期的那一格，如果星座盤上沒有你生日的日期，就請你用前後日期中間的那一條線。

(二) 旋轉星座盤，觀察一下，你會發現天球赤道的圓心是北極星，黃道的圓心則與北極星有一些偏差。

(三) 拿出一把尺，連接生日日期

與黃道的圓心（通常比較簡易的作法是用生日日期與北極星的連線）。

(四) 尺與黃道會交於一點，這一點就是你出生當天太陽在天空的大略位置，而這個點所在的黃道星座就是你的太陽星座了。以1月1日出生的人為例，出生當天，太陽應該在人馬座（射手座）。

找出你真正的太陽星座

如果你的星座盤是上下層釘死，無法掀開來的，還是可以用來找太陽星座的。因為我們要找的是生日到北極星的連線與黃道的交點，而這種無法掀開的星座盤通常都畫有仰角與南北方向連線，所以就可以利用星座盤已經畫好的線來找太陽星座。

(一) 把生日日期那一格轉到星座盤上標示「南」的位置。

(二) 找到星座盤南方與北方連線。

(三) 此時黃道與南北連線的交點，就是出生當時太陽所在的位置。

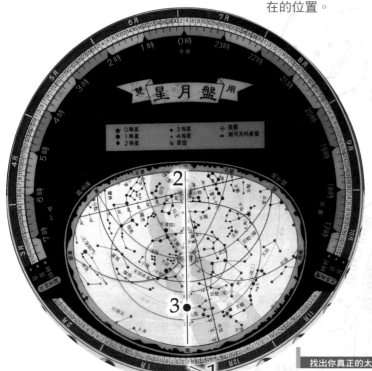

找出你真正的太陽星座

什麼？找出來的太陽星座和你原本已知的不同？等等，別急著把這本書丟了，接下來的三句預言可能會更令你感到驚訝。

預言一：如果你是利用上述方法，找出來的太陽星座與已知星座不同的人，那麼你現在找出來的太陽星座一定是已知星座的前一個，少數人會變成前兩個！

預言二：如果你是找出來的太陽星座與已知的星座相同的人，那麼你的生日一定是在星座日期範圍的後半段！

預言三：如果你找了三十個人以上，利用這個方法找自己的太陽星座，那麼超過2/3以上的人找出來的星座與已知的星座不同。

覺得有些恐怖了嗎？我們怎麼知道你的所有情況？偷偷告訴你，那是因為我們經常看星星，吸取日月精華，蛻變成精了。有一天次日偏食的時候天神降臨，

告訴我們這些，還交代我們：天機不可洩漏！

騙你的啦！其實，這些都只是事實，沒有什麼神力可言。

現在你的腦中反應，應該開始從驚奇轉向困惑？到底哪一個星座才是我真正的太陽星座？我以前研究這麼久的星座特性與速配指數，難道一切都要重來？

不管你認為哪一個才是你的太陽星座，都先別急著推翻之前的種種，搞清楚哪一個是你真正的太陽星座比較重要！

不要輕易相信任何人，是避免自己受騙的不二法門。 當然你也不要輕易相信，我們教你從星座盤找出太陽星座的方法。

最直接的驗證方法，就是真的去看看自己的太陽星座是哪一個。但是，如果不是夜間出生的人，是不是就沒機會看到自己的星座了呢？因為當太陽從東方地平線上來之後，星星的光芒就被掩蓋了，在白天出生的人又怎麼能知道太陽後面是哪個星座呢？從星座盤上的黃道可以看出來，從地球上看起來，太陽在一年之內移動了360度，一天僅僅移動大約1度的範圍，相差極小，所以你可以不需要考慮白天晚上，只要日期對了，你都可以在夜裡看看生日當天太陽在哪個星座裡，甚至是生日前後一個星期都還可以去試著看看。

現在就傳授給你親自驗證太陽星座的方法吧！既然日出之後就看不到星星了，我們就必須在日出前看看太陽到底在哪個星座裡。方法如下：

（一）生日當天（前後一個星期都還可以）早上3點起床，看向東方地平線。

（二）日出之前在會有一個最接近東方地平線的完整的黃道星座，這個完整的黃道星座的下一個，就是你真正的太陽星座。

為什麼不直接看自己的星座？因為太陽後方的背景星座會跟著太陽一起從東方升上來，這時候天就亮了，沒有辦法當天看到你的太陽星座，所以你要在日出前看東方地平線上的完整黃道星座，下一個就是太陽所在的星座，也就是你真正的太陽星座。例如：你在生日當天日出之前，在東方地平線上看到完整的摩羯座，那麼你的太陽星座一定不是摩羯座，而是下一個，也就是水瓶座。

am3:00~am5:00

東方地平線

太陽星座驗證法

下次到高山旅遊時，不妨再提早一點到觀日出的地點，趁著日出前等待的時間，驗證一下自己的太陽星座吧！

你可能又會說：台北看不到星星，我又不會認星座，即使我在生日當天3點起床，也看不出東方地平線上完整的星座是哪一個。其實，你根本不需要認出整個星座，你只要認出星座的主要亮星就可以了。至於要怎麼認，就請您往回看前面的章節，好好練一下基本功囉！如果你現在實在是工作太累，無法早起看星星，那麼到了六十歲以後，晚上容易睡不著覺，一早就失眠沒事做的時候，記得起床加件外套，驗證一下喔！就算是解決一個人生的問題吧！

先告訴你一個事實吧！如果按照太陽星座的定義去看，你會發現生日當天看到太陽所在的位置，和你在星座盤上找出來的非常的接近，也就是說，如果太陽星座真的有魔力，那麼利用上述方法找出來的星座，才是你真正的太陽星座！

九、 占星術準嗎？

大部分的人都會覺得占星術很準，這也就是為什麼大多數的人真的會相信，自己的太陽星座就是占星術所說的那一個。我們在學會如何看自己的太陽星座之前，也是覺得占星術滿準的，因為根據占星術的說法，我們兩個都是水瓶座，都是熱愛自由、無拘無束的，跟我們的個性超像。但是，其實我們真正的太陽星座是摩羯座！知道了事情的真相之後，又該如何解釋之前占星術讓人覺得很準的感覺呢？

當我們剛發現自己的星座不是水瓶座，而是摩羯座的時候，心裡有些疙瘩，也有些不敢相信。以前怎麼就這麼輕易相信自己就是水瓶座的人呢？

翻開一週運勢、星座個性，怎麼看都覺得占星術說的還是很準，這是為什麼呢？

記得避免受騙的不二法門嗎？

就是不要輕易相信！尤其是一開始的時候。

當我們已經相信自己是某個星座的人，就會只去看這個星座的描述，而這些占星學所寫出來的描述都有一個共通的特色，那就是模稜兩可。

舉個例子來說，占星術對於某個星座的描述如下：「……今年若有接觸新案子或是新事物的機會，不妨好好把握，你會因此結交不少志同道合的朋友，他們將給你帶來不少工作上與生活上的幫助……」你認為這一段話是針對哪個星座說的？猜猜看吧！答案在本書的附錄頁。

如果我們以類似這樣的做法，先將星座名稱遮住，你將會發現，大部分星座運勢裡所說的內容，都適用於絕大部分的人。你可以想像一下，哪個人接觸新的事物不會認識新的朋友，而這些朋友一定都是跟這個事物有關，當然也就是所謂志同道合的朋友囉！這樣的朋友當然也會對工作有所幫助。這些話說了等於沒說。

也就是因為這兩個要素：我們輕易就相信自己是這個星座的人，再加上星座的描述適用於大部分的人，所以我們認為占星術很準。

從此以後都不要看一週運勢了嗎？

就像我們在文章中寫到的，我們仍然認為我們是熱愛自由的水瓶座一樣，對於占星術，不必把它當作是騙人的把戲，反而可以把他當作是一種自我增強的力量。看到一週運勢，或是聽到算命仙對你說的話，都要記得一個要點，「記住好的、忘記壞的！」

如果一週運勢告訴你，這一週的成績將會進步很多，就把這句話留在腦中，時時提醒自己，讓自己往這方向努力；如果一週運勢說這一週將會遇到一些不好的事，就快快忘了它，如果每天都惦記著這一句話而過得戰戰兢兢，很難不出小差錯的。

記得，要利用占星術，不要被占星術利用了。尤其是選擇你未來的對象時，千萬不要因為占星術所說的速配指數高低，而失去了那位 Mr. Right 或 Ms. Right 喔！

第二課：以管窺天——認識望遠鏡

從古到今，夜空中的繁星點點，引發了人類無限的想像。滿天星斗的夜晚，對於住在郊區或鄉下的人來說，是司空見慣的事；但是，住在城市中的人卻很難想像星空之美，只有假日時到高山上，才能有這樣奢侈的享受。

有系統的觀測星星、記錄其資料，使人類對於這偌大的天空，從懵懂無知的害怕，到現在能理解的程度。而這一切天文知識的來源，就是從天文觀測開始的。從肉眼到望遠鏡、底片的輔助，人類終於漸漸看到這個宇宙較真實的一面。

望遠鏡的種類與優缺點

哪種望遠鏡比較好？這是很多人接觸天文之後第一個會問的問題。先了解望遠鏡的原理，再來做你的選擇。

將平行前進的光線聚焦在一個點上，是望遠鏡最主要的功用。在物理學上，要讓光線偏折，可以透過透鏡折射以及凹面鏡反射，所以，望遠鏡的主要折光原理，就有折射式與反射式兩種。

能夠讓所有進來的光線都聚焦在一個小點上的就是好的望遠鏡。但是，不同的折光方法就出現不同的小缺點，以至於進來的光線無法聚焦在同一點，這就是不同形式望遠鏡的主要缺點所在。

一、 天文望遠鏡的規格

提到望遠鏡，大家很直覺的都會問這是幾倍的？好像一支望遠鏡的倍率不高，就失去了它的 power。其實，天文望遠鏡很少講倍率的，因為望遠鏡的倍率會隨著後方目鏡的焦距而改變，就像是在顯微鏡上方換不同的接目鏡，倍率就會更改一樣。天文望遠鏡的倍率計算公式為「倍率＝主鏡焦距/目鏡焦距」。

舉例來說，一支口徑100mm、焦距1000mm的望遠鏡，搭配一

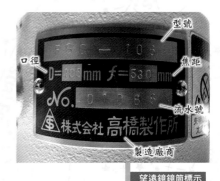

望遠鏡鏡筒標示

顆焦距25mm的目鏡，其倍率為1000÷25＝40倍。但是同一支望遠鏡如果搭配10mm的目鏡，倍率就變為1000÷10＝100倍。也因為如此，焦距短的目鏡被稱為高倍目鏡。

天文望遠鏡要看的是很暗的星體，所以望遠鏡看起來的亮度就比倍率更重要了，「焦比」就是用來描述一支望遠鏡亮度的名詞。因為望遠鏡看起來有多亮，和口徑、焦距有關。口徑愈大，看起來愈亮；焦距愈長，看起來愈暗，所以將焦比定義為「焦比＝焦距/口徑」，通常以F表示。口徑100mm的望遠鏡，焦距如果是1000mm，那麼焦比就是10；另一支口徑200mm的望遠鏡焦距如果也是1000mm，那麼焦比就是5。從我們舉的例子可以看出來，當焦距相同的時候，口徑愈大，進光量愈多，看起來會愈亮，此時焦比會較小。所以當你以後聽到「短焦比」的時候，就代表這一支望遠鏡看起來較亮，當然也就比較適合直接用來拍攝，但是因為短焦比望遠鏡的主鏡焦距較短，使用相同的目鏡，倍率較小，所以也就比較不適合做高倍率觀測。

現在試著算算看上圖中望遠鏡鏡筒的焦比是多少？（答案在本書附錄頁）

了解這些之後，到山上看到有天文攝影家搬出望遠鏡準備工作時，就不要再以外行人的口吻問：「這是幾倍的？」而要改以：「這是口徑多少、焦比多少的望遠鏡？」來問了。

二、 折射式望遠鏡

從天上的彩虹或是小學的三稜鏡實驗都可以看出，光其實是由許多不同顏色的色光所組成的。不同顏色的光有不同的波長，而不同波長的光線通過透鏡的時候，會出現折射角度不同的現象。也因此造成星光通過一般折射式望遠鏡之後，星點旁會出現一圈藍色或是紅色的現象，這種成像缺陷稱為「色差」，也就是不同顏色的光無法全部聚集在同一點上，透過這樣的望遠鏡看起來的影像當然就不清晰。

為了解決色差的問題，製造商利用不同形狀的鏡片組合、鏡片材質以及表層鍍膜等方法，將色差現象消除到最低，並且增加鏡片的透光率，最後根據透過鏡片成像後的品質，標示為ED、APO等不同等級。

但是因為每家製造商對於消除色差的標準不一，消費者不能單純用廠商標示的ED、APO等等級來選擇折射式望遠鏡，購買前還是親眼看過比較準。之後的文章內容中，會教你如何簡易的判斷一支望遠鏡的好壞。

使用上較為習慣之外，還可以使得同樣的鏡筒有更長的焦距，這種設計稱為「蓋賽格林式（Cassegrain）」望遠鏡。

精確拋物面鏡可以讓平行進來的星光聚集在一點，所以適合高倍率行星觀測的人使用。但是只要一偏離視野正中央，星點就不再呈現圓形，這樣的成像缺陷，稱為「像差」。

三、 反射式望遠鏡

相較於折射式望遠鏡，光線並不會穿過反射式望遠鏡的主鏡，只會從表面反射，也就不會有色差的問題。

要將平行光線聚焦在焦點上，拋物面是最佳的選擇，這也是第一支反射式望遠鏡－「牛頓式（Newtonian）」望遠鏡的基本原理。

牛頓式望遠鏡的特色，就是觀測方向與鏡筒指向垂直，除了使用者不習慣之外，架設儀器之後的平衡也是一大問題。後來在主鏡鏡片上穿孔，讓光線可以利用前方次鏡的反射，穿到望遠鏡後方，這樣新的設計，除了

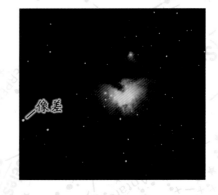

隨著攝影器材的平價化，望遠鏡除了要將光線聚焦在視野中央上的一點之外，也必須讓同一平面的星點精確成像，才能使得底

片上的所有位置成像都是完美的點狀星星，拍出來的照片才會漂亮。這樣的設計稱為「像場平坦化」。

　　多次非球面鏡的設計（例如Ritchey-Chretien, RC式）是像場平坦化最好的選擇之一，成像效果之好，連鼎鼎有名的哈柏太空望遠鏡（Hubble Space Telescope, HST）也是使用同樣的設計！但是這種鏡片的研磨成本較高，售價當然也就跟著高囉！另外一種利用史密特修正鏡與球面鏡結合而合成的史密特‧蓋賽格林式望遠鏡（Schmidt-Cassegrain Telescope, SCT）就是在口徑、成像品質與造價取得平衡的另一種產品。

　　望遠鏡的形式很多，名稱聽起來也很奇怪，甚至有一種望遠鏡稱為「史密特相機（Schmidt Camera）」，從名字就可以知道，這種望遠鏡專門設計用來拍照的，不能拿來觀看。在數位影像還沒有普及之前，許多精彩的天文照片，都是利用史密特相機拍攝的呢！

　　當你聽到很奇怪的望遠鏡名稱時，不要覺

照片中，側邊有一個大洞的就是史密特相機。

得它有多深奧，其實那就是這台望遠鏡利用到的各部分名稱組合起來的。例如；史密特‧蓋賽格林式望遠鏡，就是結合了前方的「史密特」修正鏡，與後方的「蓋賽格林式」焦點的望遠鏡。另外還有像是馬克斯托夫‧蓋賽格林式望遠鏡，就是結合了「馬克斯托夫」修正鏡與「蓋賽格林式」焦點的望遠鏡。

　　如果我們以相同口徑來比較，你會發現折射式望遠鏡的造價較昂貴，同樣的價錢通常可以買到較大的反射式望遠鏡，獲得較大

光軸調整螺絲

次鏡

反射式望遠鏡光軸的調整螺絲。

的集光力與解析力，但是因為反射式望遠鏡的主鏡較大，搬運過程中容易因為些微碰撞，而使得應該在一直線上平行的主鏡與次鏡歪斜，這就叫做「光軸不正」，需要在觀測前做檢查與調整。

反觀折射式望遠鏡，因為鏡片小，不易歪斜，使用上較為方便，但是口徑較小，也造成了集光力、解析力等的限制。

對於想要添購望遠鏡的讀者，我們有幾點建議與提醒：

真的需要用到望遠鏡才去購買，因為愈新的產品品質愈佳。

購買望遠鏡前，先想清楚自己的主要用途：

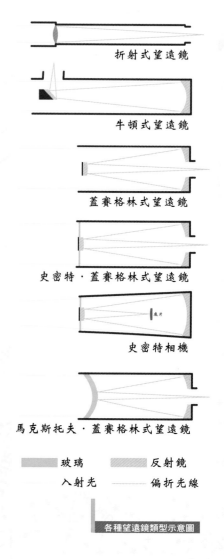

折射式望遠鏡

牛頓式望遠鏡

蓋賽格林式望遠鏡

史密特‧蓋賽格林式望遠鏡

史密特相機

馬克斯托夫‧蓋賽格林式望遠鏡

玻璃　　　　反射鏡
入射光　　——偏折光線

各種望遠鏡類型示意圖

（一）喜歡直接以肉眼觀賞月亮、行星與星團、星雲而不拍攝者，可以考慮杜普森式（Dobsonian）望遠鏡。

（二）喜歡拍攝漂亮的星團、星雲照片者，可以考慮短焦比的望遠鏡。

（三）喜歡以高倍率觀測行星、月球、星雲、星團者，可以考慮口徑較大的反射式望遠鏡。

（四）有觀測紫外線波段需求的人，要選擇光學系統中完全沒有玻璃的反射式望遠鏡。

杜普森式（Dobsonian）
望遠鏡

選定幾款較為中意的望遠鏡之後，記得要求廠商在夜間與日間各讓你試看一次，比較不同光線強度之下的觀測差異，並檢視是否有色差、像差等成像缺陷。你可以在夜間將望遠鏡對向遙遠的白色路燈或是天上的月亮，看看邊緣是否會有紅色或藍色出現，如果有的話，就代表這支望遠鏡有嚴重的色差。另外看看影像是否都很清晰，如果視野邊緣模糊，就代表此望遠鏡有嚴重的像差。

不要只是一直強調望遠鏡能到多少倍，因為再高的倍率，看不清楚，也是沒用的。

四、 極限星等與集光力

天文望遠鏡的規格標示中，通常會出現「極限星等」這個名詞，這得要從星等開始講起。

天上的星星有亮有暗，看過的都知道。既然看起來亮度不同，人們就嘗試將這些星星的亮度作分級。天文學家將天上肉眼可見的星星依照看起來的亮度，從1到6，分為六個等級，而且以星等來作為等級單位，所以出現了1等星、3等星等名稱。就像是學生成績排名一樣，名次數字愈小的，代表分數愈高，星等數愈小的，代表亮度愈大。

直到近代利用光度計測量星星的亮度，才發現1等星比6等星亮100倍，而且每個星等之間的亮度相差2.512倍。所以，相差1個星等，亮度相差2.512倍；相差2個星等，亮度相差$2.512^2 \fallingdotseq 6.5$倍；相差3個星等，亮度相差$2.512^3 \fallingdotseq 16$倍；相差4個星等，亮度相差$2.512^4 \fallingdotseq 40$倍；相差5個星等呢？亮度就相差$2.512^5 = 100$倍。

這樣的倍數差異，其實與人眼的設計有關。人眼感受光線時，是呈指數反應的。

如果我們前方有兩個燈泡，真正的光度相差100倍，而由肉眼看起來，我們只覺得兩個亮度相差6倍而已！反過來，如果環境暗了100倍，我們也只覺得暗了大約6倍而已。因為這樣的設計，我們才能適應亮暗差距極大的環境，在白天還睜得開眼睛，而在晚上還看得到東西。但是缺點就是肉眼對於光線的變化不這麼敏感。下次你看到某牌的燈泡號稱可增加100倍的亮度，換上之後，卻沒有預期的這麼亮，就

星星看起來的顏色與亮度都不同。

知道為什麼了。

　回到正題。望遠鏡標示的極限星等，你已經懂了「星等」兩個字，極限指的又是什麼呢？

　如果是指拍攝的極限星等，就為因為曝光時間不同，而改變，所以這裡的極限星等所指的，是以肉眼在望遠鏡後方觀看的極限。人眼瞳孔最大可以放大到0.8公分，這種情況下可以看到6等星，透過更大的望遠鏡，當然可以看到更暗的星星囉！

　望遠鏡鏡片愈大，能夠蒐集到的光線愈多。計算出集光面積相差幾倍，再配合星等的定義，加

上肉眼可以看到的最暗星等，就可以換算出目視的極限星等。

以口徑16公分的望遠鏡為例，其口徑比瞳孔（0.8 cm）大上20倍，所以集光面積大了（20）^{2}＝400倍，換算成星等就大約是7.5個星等。也就是說，透過16公分的望遠鏡，我們可以看到比6等星暗7.5等的星星，目視極限星等就是13.5等了。

這是理想狀況之下的數值，真正觀星的時候，瞳孔不一定會放大到0.8公分，而鏡片也不會百分之百將光線聚集在一個點上。

五、雙筒望遠鏡

喜愛戶外環境的人，多少都會添購一支雙筒望遠鏡，雖然不一定是天文專用的，但是只要經過小小的改善，也可以用在天文觀測上喔！因為再差的雙筒望遠鏡，口徑也比你的瞳孔大，絕對能幫你接收到更多的光線。

雙筒望遠鏡上都會標示出規格，例如：7×50，許多人都會將他唸成7乘50，如果真是如此，廠商乾脆直接寫上答案350不是比較快嗎？這樣的唸法，很難讓人了解這個標示的真正意義。

當雙筒望遠鏡標示為7X50時，其實真正的意思是：7倍與50mm。7倍就是這一支雙筒望遠鏡的放大倍率，而50mm就是前方鏡片的大小。所以，同樣都是7倍的望遠

鏡，一支是7X50，另一支是7X75，很明顯的，透過7X75的雙筒望遠鏡看起來會比7X50的亮，這也是為什麼要將規格標示出來的原因。

7倍～21倍
ZOOM
7X-21X40
Field 5.5° at 7×
前方鏡片大小為40mm
視野5.5°（設定為7倍時）

雙筒望遠鏡標示

另外，市面上還有許多標榜著可以「增加紅外線透光率，使得夜間看起來比較亮」的雙筒望遠鏡，大部分這些望遠鏡前方也都會有紅色的鍍膜，增加產品的說服力。但是，真正的紅外線是看不到的，即使增加紅外線的透光率，肉眼也不可能看到，最多只是會讓你感受到熱熱的，跟肉眼

的夜視功能一點關係都沒有。數位攝影機之所以能夠有紅外線夜視功能，主要是因為攝影機感光用的CCD可以讓紅外線形成影像，與肉眼不同。

　　至於雙筒望遠鏡的選購要領也是跟天文望遠鏡一樣，找個夜間時間去挑選，看看哪一支成像品質較好、比較沒有色差、相同規格之下較為明亮等等，不要只是選擇名牌，才可以以較低的價格選到真正適合你用的雙筒望遠鏡。

　　把雙筒望遠鏡拿來看星星，最大的不便之處，就是尋找天上的星星在哪裡。難得找到想要看的星團、星雲了，手一放下來就無法與別人分享，另一個人得重新再找一次。其實，有些雙筒望遠鏡會在前方預留一個可以鎖上L型腳架固定板的位置，只要到望

鎖雙筒望遠鏡

鎖腳架

L型轉接架

①

L型轉接架裝設點

雙筒望遠鏡前方

②

蓋子取下後即可看見螺絲孔

雙筒望遠鏡前方螺絲孔

③

鎖上L型轉接架

雙筒望遠鏡加轉接架

④

雙筒望遠鏡加轉接架鎖在腳架上

遠鏡專賣店買一個L型腳架固定板，就可以把雙筒望遠鏡固定在腳架上，尋找時較為方便，也容易與別人分享。

裝了L型腳架固定板後，你也可以把雙筒望遠鏡固定在赤道儀上，利用赤道儀的追蹤功能，讓你的雙筒望遠鏡追著星星跑，觀賞起來會更舒服喔！許多彗星的發現者，就是將大型雙筒望遠鏡架在赤道儀上，針對某些天區仔細的尋找。

因為大部分的星體都很暗，不易尋找，如果再加上焦距不正確，星星微弱的光線無法集中，就更無法透過望遠鏡看到星星了。建議你可以**先從遠處地面的發光體開始，對焦後再尋找較大的天文目標**，例如月亮、行星，對準目標後將焦距精確的調好，就可以將雙筒望遠鏡轉向更暗的星體，通常經過這樣的程序之後，就會從雙筒望遠鏡裡看到許多星星了！當然，也可以看到你想要看的天體。

你已經知道極限星等的意思，也知道如何判讀雙筒望遠鏡上的規格，就可以練習算一下自己的雙筒望遠鏡集光力是幾倍？可以看到多暗的星體？

六、 架設望遠鏡

不要急、事先計畫組裝的先後順序，是快速、安全架設望遠鏡的不二法門。

如果只想要趕快架設好儀器，有時反而適得其反，甚至還會造成儀器永久性的損傷。多花一點時間在前置工作上，架設完成之後便能順利地進行天文觀測或天文攝影，不需要在觀測過程中一再校正與調整，反而可以節省更多的時間。

架設望遠鏡的基本概念，就是確保架設過程中赤道儀不會承受極不平衡的力矩，並且能夠保持儀器在組裝過程中沒有掉落或摔落的危險，因此要切記，每個被鬆開的螺絲都要立刻鎖緊，每個被鬆開的鎖定螺絲都要在調整後立刻再鎖起來。

因為野外裝設望遠鏡的地方通常較為昏暗，所以要先養成幾個好習慣；

(一) 使用天文儀器時，任何拆卸下來的蓋子、螺絲及配件，都要放在三角盤或盒子中，並且隨時將蓋子蓋好，避免遺失以及溼氣

鬆開半圈螺絲

將腳架上標示N的那一隻腳對準北方

鎖上三角盤

鎖緊螺絲

2.伸長　1.鬆開螺絲　3.鎖緊螺絲

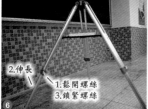

內側螺絲先鎖到底　再將此螺絲鎖緊

❷ 鬆開腳架螺絲
❸ 腳架上的N對準北方
❹ 鎖上三角盤
❺ 鎖緊腳架螺絲
❻ 腳架伸長
❼ 赤道儀下方螺絲鎖緊前手要扶住
❽ 鎖上重錘桿

影響儀器使用壽命。

(二) 望遠鏡無法輕易移動或轉動時,千萬不要以蠻力轉動,應該先確認鎖定螺絲是否已經鬆開。

(三) 練習裝卸的過程中不要讓東西掉落地面,以免到野外觀測時物品掉落在荒草石堆之中,找不回來。

接下來就以較常見的Vixen GP赤道儀與折射式望遠鏡為例,說明在台灣地區架設望遠鏡的基本順序。

(一) 確認擺放地點的北方方向以及北方仰角25°左右沒有地面物體擋住視線,方便校準極軸。

(二) 鬆開腳架螺絲,大約半圈即可。（如圖❷）

(三) 將腳架完全張開,並將標示N的那一支腳盡可能對準北方。（如圖❸）

(四) 鎖上三角盤,以固定腳架角度,還可以臨時放置目鏡及其他配件。（如圖❹）

(五) 鎖緊腳架螺絲。（如圖❺）

(六) 調整腳架長度。腳架高度愈矮,望遠鏡愈穩,但是為了避免筒身較長的折射式望遠鏡在觀測天頂附近天體時,鏡筒太靠近地面而不易觀測,一般會將腳架伸長至一半左右,增加腳架高度,同時有伸長與縮短的空間,調整儀器水平時也會比較方便。（如圖❻）

鬆開此螺絲
將赤道儀轉正

安全螺絲

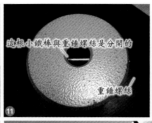
這根小鐵棒與重錘螺絲是分開的
重錘螺絲

2.螺絲孔朝下搖晃幾下

一手鎖緊螺絲
一手扶住重錘

螺絲不突出內面即可

一手持續握住鏡筒
一手鎖螺絲

⑨ 赤道儀本體架設完成
⑩ 拆下安全螺絲
⑪ 重錘螺絲小鐵棒
⑪ 搖下重錘螺絲
⑫ 安裝重錘正確動作
⑭ 鬆開固定螺絲
⑮ 鎖緊螺絲前手要扶住

（七）裝上赤道儀本體。一隻手扶住赤道儀，另一隻手鎖上螺絲。（如圖❼）

（八）裝上重錘桿。（如圖❽）

（九）鬆開赤經軸螺絲，將赤道儀轉正，並調整赤道儀仰角。北極星仰角就是當地的緯度。（如圖❾）

（十）卸下重錘桿下方安全螺絲。（如圖❿）

（十一）鬆開重錘螺絲。重錘螺絲內有一根小鐵棒，鬆開重錘螺絲數圈後，須將重錘螺絲朝下並些微搖動，讓小鐵棒掉回螺絲孔中。（如圖⑪）

（十二）視儀器重量，裝上足夠重量的重錘並鎖緊重錘螺絲。重錘尚未固定之前，應該以另一隻手扶住重錘，避免重錘掉落砸傷腳部以及儀器。裝上重錘後，先將重錘儘量固定在最下方，以提供最大的力矩。（如圖⑫）

（十三）鎖回安全螺絲。安全螺絲比重錘桿大一些，可以讓重錘在沒有鎖緊而掉落時，仍固定在重錘桿下方，不會直接掉落地上。

（十四）鬆開赤道儀上方螺絲。只需鬆開到內側不會突出螺絲即可。（如圖⑭）

（十五）裝上望遠鏡筒並鎖緊螺絲。尚未鎖緊螺絲以前，應持續扶住鏡筒。鎖螺絲時，先將大顆螺絲鎖緊，再鎖緊小螺絲。真正能固定住鏡筒的是大螺絲，小螺絲只是讓大螺絲些微鬆脫時，望

尋星鏡
目鏡
16

赤緯軸微調桿
17

赤緯線
18

赤經線
18

水平泡不在中央
19

2.再將此腳調高一些即可
1.第一次調整後
讓水平泡的偏向與某一腳平行
19

水平泡在中央
19

⑯ 裝上尋星鏡
⑰ 裝上赤緯軸微調桿
⑱ 插上SS赤緯線
⑱ 插上SS赤經線
⑲ 水平泡歪了
⑲ 水平泡向後
⑲ 水平泡在中央

遠鏡不會直接滑落。（如圖⑮）

(十六) 裝上尋星鏡、目鏡等觀測要用到的配件。（如圖 ⑯）

(十七) 裝上赤緯軸微調桿（如果需要的話）。為了讓微調桿轉動時能帶動赤道儀，微調桿的接頭通常會呈現特殊形狀，裝的時候要先確定方向再裝上。（如圖⑰）

(十八) 裝上控制器並接上電源。連接馬達控制線時要注意接頭方向。接電源的時候請注意正負極。如果電源接頭是正負極分開為兩個鱷魚夾的，請先夾上負極，再夾正極。（如圖⑱）

(十九) 調整水平（如果整體儀器重量較重，可在步驟七之後接續調整水平的動作）。調整水平的小技巧，就是先調整其中一支腳的高低，讓水平儀氣泡的位置移至另一支腳的方向上，這樣只要再調整另一支腳就可以調到水平了。

調整腳架長度注意事項：調整時應以一隻手緊握上方，避免固定腳架長度的螺絲鬆開後，腳架忽然下降而夾傷手的傷害。（如圖⑲）

(二十) 調整赤經軸方向上的平衡。將鏡筒蓋等觀測時不需要的東西卸下，並裝上所有觀測所需

左手持續握住腳架上方 可隨時抓緊腳架 阻止腳架迅速落下

19

當螺絲鬆開後 腳架會落下 夾傷手掌

19

鬆開赤經軸螺絲 握住安全螺絲附近上下移動 感覺兩側的力矩是否相同

握著這裡

20

鬆開赤緯軸螺絲 感覺鏡筒兩端力矩是否相同

稍微鬆開這兩顆螺絲可以調整鏡筒前後位置

21

⑲ 調整腳架正確動作
⑲ 調整腳架錯誤動作
⑳ 赤經軸平衡
㉑ 調整鏡筒前後平衡
㉒ 極軸前開口被蓋住
㉒ 露出極軸前方開口
㉓ 極軸照明器

極軸前方開口被蓋住

22

露出極軸前方開口

22

極軸照明器

23

的配件，例如：目鏡。一隻手扶住望遠鏡，另一手鬆開赤經軸螺絲，將望遠鏡放平，以一隻手上下移動重錘桿，感受重錘與望遠鏡兩端哪一端的力矩較大，鎖緊赤經軸螺絲後，調整重錘的位置，讓兩端的力矩趨近相等。準確平衡後的望遠鏡，應該可以在不鎖赤經軸螺絲的情形下，停留在任何一個位置。調整好之後要將赤經軸螺絲鎖緊。（如圖 ⑳）

(二十一) 調整赤緯軸方向上的平衡。將鏡筒放平，一手扶住望遠鏡，另一手鬆開赤緯螺絲，以一隻手上下移動望遠鏡後端，感受望遠鏡前後兩端的力矩是否不一樣。將望遠鏡放平之後，鎖緊赤緯軸螺絲，並鬆開鏡筒箍螺絲，調整鏡筒前後位置，使得兩端力矩趨進於相等。準

確平衡後的望遠鏡應該可以在不鎖赤緯軸螺絲的情形下，自行停留在任何一個角度。調整好之後要將赤緯軸螺絲鎖緊，再次檢查赤經軸的平衡。如此反覆數次，直到兩軸都已經精確平衡。（如圖㉑）

(二十二) 打開極軸望遠鏡前方與後方蓋子，並鬆開赤緯軸螺絲轉動望遠鏡，使得極軸望遠鏡前方開口露出來。（如圖㉒）

(二十三) 裝上極軸照明器（如果

白線對準E 1

E

W

㉔

1月1日晚上8點

日期　11　12

E 20 10 0 0 20 W

時間

㉕

極軸仰角微調螺絲

㉖

向內旋入　　　　向外旋出

極軸方位微調

㉖

固定螺絲

調整螺絲

㉘

將固定螺絲旋離底部
調整螺絲才能上下移動

㉘

調整後
將固定螺絲鎖到最下方
就可以固定調整螺絲的位置了

㉘

㉔　極軸經度校正
㉕　極軸時間日期調整
㉖　極軸仰角微調
㉖　極軸左右微調
㉘　尋星鏡螺絲
㉘　尋星鏡螺絲鬆開
㉘　尋星鏡螺絲固定

有的話）並打開照明器電源。（如圖㉓）

(二十四) 校正觀測地點經度與標轉時間的經度差。旋轉極軸後方印有日期的圓盤，使得極軸望遠鏡上的白線對齊E 1的位置。（如圖㉔）

(二十五) 調整校正極軸的時間。此時不可直接旋轉印有日期的圓盤，這會讓上一個步驟的校正失去效果！要鬆開赤經軸螺絲轉動赤道儀，此時就會帶動印有日期的圓盤，即可將校正極軸的日期與時間對齊。圖中為1月1日晚上8點的調整情況。（如圖㉕）

(二十六) 校正極軸。調整極軸照明器的亮度，讓使用者可以透過極軸望遠鏡看到刻度，同時可以看到北極星。利用極軸的左右及上下微調，將北極星放至極軸望遠鏡

視野中的小圈圈之中。極軸的左右微調是由兩顆對向的螺絲同向旋轉來調整，調整好之後記得要看著極軸望遠鏡，慢慢將兩顆螺絲反轉鎖緊，避免往後操作望遠鏡時改變了極軸的方位。（如圖㉖）

(二十七) 打開赤道儀馬達的電源，並鎖上離合器（如果有的話），讓赤道儀開始追蹤。

(二十八) 校正尋星鏡，讓尋星鏡與主鏡平行。（如圖㉓）

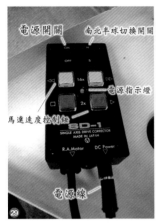

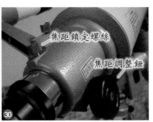

電源開關　南北半球切換開關

焦距鎖定螺絲

焦距調整鈕

電源指示燈

馬達速度控制鈕

電源線

29 SD1控制器

30 焦距調整

因為主鏡的視野較小，而尋星鏡的視野較大，所以應該先將主鏡對準目標，再將尋星鏡中央對準同一個物體。因為望遠鏡前後的螺絲都會與主鏡的光軸平行，所以可以先把主鏡上的一組螺絲當作瞄準器，就像是手槍的準星一樣，沿著前後兩顆螺絲的方向，將望遠鏡對準較明亮的天體，例如：行星、月亮，鎖緊鏡筒之後調整焦距，利用手動或電動微調，將目標移至主鏡的視野中央。再來就要先將尋星鏡螺絲上用來固定螺絲位置的小螺帽向上旋，分別旋轉三顆螺絲，讓螺絲上下移動，以調整尋星鏡的指向。

調整過程中，如果某個螺絲已經無法再向前旋轉，則要先將另外兩顆螺絲向上旋一些，再繼續調整的工作。

當尋星鏡校正好了之後，要先將三顆螺絲一點一點的向內鎖緊，再將尋星鏡螺絲上的小螺帽向下旋，直到完全貼緊，這樣就可以避免搬運時移動了尋星鏡的指向，下一次使用時，尋星鏡也就不會偏離太遠，甚至不需要校正就可以直接使用。

(二十九) 打開控制器電源，開始追蹤。如果控制器有南北半球的切換開關，請先確定開關是切換在N的地方。（如圖29）

(三十) 鬆開赤經軸與赤緯軸，開始將望遠鏡指向要觀賞的天體。移動望遠鏡方向時，先大致指向天體的位置，透過尋星鏡將要觀賞的天體移到視野中央，鎖上赤經、赤緯軸之後，再利用控制器將天體移至主鏡視野中央，仔細的調整焦距，就可以開始欣賞美麗的天體了。（如圖30）

七、 為什麼我看不到像天文照片一樣美麗的星雲？

當你開始將望遠鏡指向天上的星雲時，第一個看到的景象，會讓你大失所望，因為你將不會看到像天文照片一樣色彩豐富的景象，而是一點點淡淡顏色的黑白星雲。

這不是望遠鏡爛，而是人眼的問題。

視網膜上的感光細胞分為錐狀細胞與桿狀細胞，錐狀細胞可以讓我們感覺到顏色，可是需要較強的光線才會有反應，而桿狀感光主要是感覺亮暗的變化，需要的光亮較少。

當我們看天上的星體時，因為看起來都很暗，無法使錐狀細胞正常運作，辨識出顏色，只有桿狀細胞還能正常工作，分辨出望遠鏡中的亮暗變化，所以星雲看起來會是非常接近黑白的。

每個人的眼睛多少都有些差異，有些人在昏暗的環境之下還能稍微辨識出顏色，有些人就不行了，所以如果有人看獵戶座鳥狀星雲時看得出顏色，而你不行的時候，不要抱怨父母親沒有把你的眼睛生好，有可能是別人看過鳥狀星雲的照片，所以腦中有些印象，自然將所看到的想成像照片一樣，當然也有可能他的眼睛真的比較能在暗的環境之下分辨顏色。

薔薇星雲NGC2244的正常顏色

薔薇星雲NGC2244看起來的顏色

一、 赤道儀是啥米玩意？

赤道儀的功能，説穿了，就是一台經過精密設計的儀器，經過正確的校正後，可以抵消地球自轉效應而精確的追著星星跑。

由於地球每天由西向東自轉一圈，使得站在地球上的我們覺得星星、月亮、太陽看起來會東升西落，而地球自轉一圈360度需要一天24小時，所以每小時地球會自轉15度，也就是説星星、月亮、太陽每小時看起來會以天北極為中心，由東向西移動15度。既然星星會動，而且星星看起來又這麼暗，在長時間拍攝星空時，就需要有一台可以讓我們的相機或望遠鏡能以相同的速度追著星星跑的儀器，如此一來，星星微弱的光線，才能夠一直累積在底片的同一個位置上，也就能拍出更暗的星體。如果我們能製造一台機器，讓它的旋轉軸對準天北極，也就是地球自轉軸指向天空的那一個虛擬點，再以每小時15°的角速

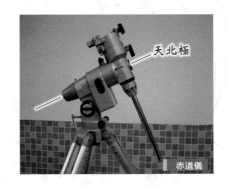

天北極

赤道儀

度由東向西旋轉的話，就可以追著星星跑了！這種機器就稱為赤道儀。

二、 對極軸

要讓赤道儀能夠精確的追蹤，除了要有馬達、齒輪的配合，使得旋轉速度與星星的周日運動速度相同，也就是每小時15°之外，更重要的是，要讓赤道儀的旋轉軸對準天北極。這個赤道儀的旋轉軸，就稱為「極軸」。

天北極是地球自轉軸指向天上的一個虛擬點，並沒有任何標記，所以必須利用最接近天北極的星星作為參考，才能將極軸精確的對準這個看不見的點。肉眼可以看得見，又在天北極附近的星星，就是大家所熟知的北極星。北極星不是最亮的恆星，如果以從地球看起來的亮度來排名，北極星只能排第47名。

既然北極星不在天北極的位置

北極星

從長時間曝光的北天星跡可以發現北極星其實並不是剛好位於天北極，而是在天北極附近而已。

上，那麼，它也會因為地球自轉而看起來繞著天北極旋轉。假使我們利用北極星做為參考點來校正極軸，就必須知道現在的北極星在天北極的哪個方向、距離天北極有多遠，這與觀測日期、時間與觀測位置都有關係。為了方便做這些精密的校正，赤道儀通常都會在極軸上裝置一支含有時間、日期刻度的小望遠鏡，將這些複雜變數，全都設計在其中，方便我們這些喜愛戶外觀星的夜光鳥能快速的校正極軸。這支特殊的望遠鏡就稱為「極軸望遠鏡」。

極軸望遠鏡

極軸望遠鏡

不同廠商所設計的極軸望遠鏡會有些不同，但是大致上都離不開三個調整值：觀測點的經度與時區經度差、觀測日期、觀測時間。其中，最容易被忽略的，就是觀測點的經度與時區經度差的校正。

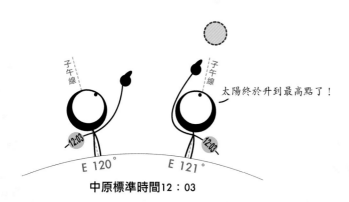

中原標準時間12：03

台灣所使用的時間是中原標準時間，也就是東經120度的時間。但是，台灣地區卻是在東經121度左右，這1度的差別，使得再怎麼精確的手錶，也無法準確預測天體的位置，連中午太陽升到最高點的時間也會因此而有所誤差。

為了修正觀測經度與標準時間的經度差異，極軸望遠鏡的最內圈會有一條白色刻線，對應著東（E）、西（W）各20度左右的調整空間。以台灣為例，手錶的時間是中原標準時間（東經120度的時間），觀測地點經度為東經

121度，觀測地點在標準時間經度的東方1度，所以就必須先以手動方式將環轉動，讓白色刻線對準E1的位置，這樣就作好經度差異的校正了。

如果你到日本做觀測，手錶調成日本當地的標準時間，而你的觀測位置在東經132度的地方，你應該如何校正呢？首先，你必須先確認日本標準時間的參考經度為東經135度，觀測地點在標準時間經度西方3度，所以必須先將環轉到W3的位置。特別注意一點，要以觀測地點經度在當地標準時間參考經度和東方或西方幾度來作為修正的依據，千萬

不要永遠以觀測地點經度與東經120度的差異來調整，否則到了美國，與東經120度相差了將近180度，你將無法做這項經度的校正（因為校正範圍通常只有東西各20度的刻度）。

確實了解並校正好經度的差異之後，就可以鬆開赤經軸（繞著極軸旋轉的軸）的鎖定螺絲，對準校正極軸的時間與日期，利用微調極軸望遠鏡仰角、方位角的螺絲，將北極星放在極軸望遠鏡裡已經標示好的位置，赤道儀的極軸就校正好了。

調整極軸仰角，通常都是利用手鎖螺絲將極軸撐高或降低。

調整極軸方位角的部分，就會用到兩顆對向螺絲與腳架上的突出物來改變。

這兩顆螺絲同向旋轉時，會使得極軸向左或向右轉，這兩顆螺絲轉向相反時，則可能同時夾緊腳架上的突出物，使得極軸望遠鏡無法左右轉動，或是遠離這個突出物，讓極軸可以左右轉動。

所以，要微調極軸的左右方向時，先讓這兩顆螺絲向外轉幾圈，鬆脫之後，再將其中一顆螺絲朝某個方向鎖緊，看看極軸的移動方向是不是你要的。如果移動方向錯了，就將動作反過來做，直到極軸指向正確的方向。最後再將這兩顆螺絲慢慢向內鎖緊，就大功告成了。

對極軸的工夫不難，但是需要極高的耐心與毅力，只要你實際操作過幾遍，就會記得了。不

極軸仰角微調

腳架上方突出桿

極軸方位微調螺絲下方

極軸方位微調螺絲

向內旋入　　　向外旋出　　向外旋出　　　向內旋入

極軸方位微調　　　　極軸方位微調

極軸方位微調　　　　極軸方位微調

過，不同種類赤道儀對極軸的方式會不太一樣，以下就以常見的三種極軸校正方式做介紹。

(一) 內建刻度的極軸望遠鏡

　　這類的極軸望遠鏡含有所有校正極軸所需的所有刻度，依照前面文章的說明操作，就可以快速精確的校正極軸。以Vixen SP或GP的極軸望遠鏡為例：

　　1. 先校正內圈觀測地點經度與標準時間經度差。

　　2. 鬆開赤經軸的鎖定螺絲，旋轉赤經軸，對準校正極軸的時間、日期。

　　3. 用極軸望遠鏡微調仰角、方位角的螺絲，將北極星放在極軸望遠鏡裡已經標示好的位置。

(二) 沒有內建刻度的極軸望遠鏡

　　有些極軸望遠鏡並沒有將日期、時間等校正參數設計在其中，只有一些等分的刻度。這一類赤道儀的極軸校正就必須倚賴另一個專門為了顯示北極星方位的小星座盤，稱為「極

極軸經度校正

極軸時間日期調整

極軸望遠鏡內部刻度

軸盤」。以日本高橋製作所出產的NJP赤道儀為例：

1. 對準極軸盤上的時間、日期。

2. 對準經度校正刻度，外圈所指示的方向，就是北極星在極軸望遠鏡內的位置。

3. 旋轉赤經軸，讓極軸望遠鏡中的刻度轉到水平與垂直方向，為了快速校正，通常會在極軸附上一個水平泡。

4. 利用極軸望遠鏡微調仰角、方位角的螺絲，將北極星放入指定位置就算校正完成了！

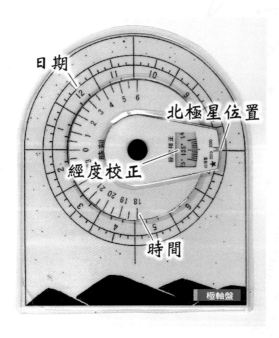

(三) 內建北極星位置刻度，但是沒有時間、日期刻度的極軸望遠鏡

這一類赤道儀的極軸望遠鏡極為簡單，沒有時間、日期的標示，更不用說是經度差異的校正環了。這種簡化的極軸望遠鏡，僅利用北極星的位置大約在北斗七星的η星與仙后座的ε星連線上的特性，指引使用者大略校正極軸，再利用北極星與附近的兩顆較亮星所構成的三角形，進一步精確的微調極軸位置。以Losmendy GM8或G11赤道儀的極軸望遠鏡為例：

1. 找出天上的北斗七星或仙后座，最好兩個都能看得到。

2. 鬆開赤經軸鎖定螺絲，旋轉赤經軸，讓極軸望遠鏡內標示的北斗七星與仙后座位置與天上的相對位置一樣。提醒你一件事，極軸望遠鏡裡所畫的北斗七星與仙后座，只是代表他們的方向，

不是要你將他們調到與極軸望遠鏡裡的刻度重合！如果你堅持要把北斗七星調到與極軸望遠鏡的北斗七星重疊，那是永遠都辦不到的！

3. 微調極軸的仰角與方位，讓北極星落在指定的位置。

4. 些微旋轉赤經軸，並再次微調極軸望遠鏡的仰角、方位角，讓北極星附近的兩顆較亮星能落在極軸望遠鏡的另外兩個指定位置中，就大功告成了！

不管是哪一種極軸望遠鏡，都要先詳細閱讀原廠說明書，以免小細節操作錯誤，造成赤道儀追蹤不準！如果已經精準校正極軸，但是赤道儀的追蹤誤差仍然很大，那可能是赤道儀兩邊力矩未達到平衡，或是赤道儀本身的零件鬆動、齒輪的間隙過大等問題，這時候就要有耐心的一一排除了。

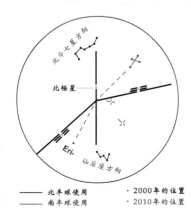

北半球使用

南半球使用

·2000年的位置
·2010年的位置

沒有時間、日期刻度的極軸望遠鏡，內部通常是類似這樣子。

三、 自動導入赤道儀

電腦技術的不斷精進，使得PDA等手持裝置的運算速度，比八年前的筆記型還要強大！也就因為這樣，電腦自動將望遠鏡對向星體的工作得以實現，擁有這種功能的赤道儀，稱為「自動導入」赤道儀。這類赤道儀在最近幾年大量出現，主要原因有：

對於新手來說，將望遠鏡對向想要看的天體，是相當耗時的事。

對於進階天文攝影者來說，要使用天文專用冷卻CCD來拍照，就無法從觀景窗對準目標。只能先拆下CCD，換上目鏡，等目標確定後，再裝回CCD。這一拆一裝之間，可能會動到許多之前小心翼翼校正的步驟。

如果可以由電腦控制望遠鏡指向，就可以節省不少尋找天體的時間，所以各家廠商無不推出類似功能的商品。例如：Vixen Sky

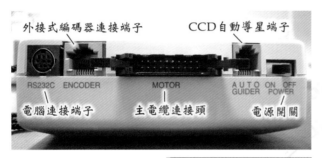

外接式編碼器連接端子　　　CCD自動導星端子

RS232C　ENCODER　　　　MOTOR　　　A U T O　ON OFF
　　　　　　　　　　　　　　　　　　GUIDER　　POWER
電腦連接端子　　　主電纜連接頭　　　電源開關

Sky Sensor 2000頂端接口說明

連接主電纜時注意方向
缺口
突出

Sky Sensor 2000頂端接口說明

Sensor2000PC、Meade LX200GPS、Astrophysics Goto、Takahashi TEMMA2、Vixen SWX (Starbook)等，都是具有此功能的系統，只是各家廠商的訴求有所不同。這類型的赤道儀通常內建CCD自動導星的連接端子，也會預留與一般電腦的連接頭，讓使用者可以直接利用電腦星圖點選天體，再下指令給赤道儀，不需記憶天體名稱。

自動導入的原理：

　　這類赤道儀的基本原理，就是內建星星位置資料與雙軸馬達，將望遠鏡精準指向1～3顆星之後，電腦藉由每顆星的指向誤差，換算出可能的機械誤差與極軸指向誤差。校正完畢後，就可以在控制器尋找想要看的天體名稱，下達指令，讓電腦自動控制兩軸馬達的旋轉圈數與方向，將望遠鏡精確指向目標。

　　不過，就像是一般的赤道儀一樣，設計得再精確的赤道儀，如果沒有將極軸對準天北極，追蹤速度仍會不準。自動導入赤道儀仍然需要經過精確的校正程序，才能發揮它應有的效果。

　　我們現在就以Vixen Sky Sensor2000PC為例，解說校正過程。

（一）正確而穩固的架好望遠鏡，接好控制器與馬達的連線。

（二）打開控制器電源。螢幕顯示「將望遠鏡鏡筒水平指向正西方後，按ENTER」。

 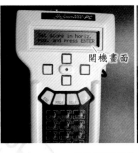  

赤經馬達電線　　赤緯馬達電線　　開機畫面　　望遠鏡筒指向正西方　　搜尋織女星資料

（三）依照螢幕顯示，將望遠鏡鏡筒水平指向正西方後，按下控制器上的ENTER鍵。

（四）從目錄中選擇要導入的星體。以織女星為例，利用控制器中央的PREV與NEXT找到RefStar（參考星），按下ENTER鍵，再以控制器的PREV與NEXT找到Vega。

（五）按下ENTER鍵，控制器會顯示這顆星的基本資料。如果這顆星目前在地平線之下，則會顯示「Object below horizon」的訊息，無法自動導入，就要選擇其他目標。

（六）確認導入目標無誤後，按下GOTO鍵，就會開始聽到赤道儀馬達旋轉的聲音。自動導入過程中，兩顆馬達不一定會同時驅動。另外，如果在自動導入過程中發生儀器相互撞擊或連接線拉扯的情形，請立刻按下控制器上的STOP鍵，或將電源關閉，以保護儀器。

（七）當馬達聲音逐漸變小，並且聽到「嗶」一聲的時候，代表望遠鏡已經指向目標。

（八）利用控制器的四顆黃色按鍵微調望遠鏡指向，使得目標在目鏡視野的正中央。如果有內含十字線的目鏡效果更佳！此時可按控制器下方的「＋」、「－」鍵，來增加、減少按下微調鈕時驅動馬達的速度。

（九）按下ALIGN鍵不放，直到「嗶嗶」兩聲出現，代表第一顆星已經校準完成。

（十）選擇第二顆參考星，重複步

驟4到步驟8，校準第二顆星。第二顆參考星與第一顆參考星的距離應儘量拉大，而且最好是在對角方向，以增加往後導入的精確度。例如：第一顆星如果在東北方，第二顆星儘量選在西南方向。

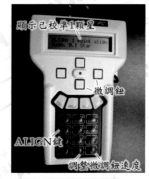

電動微調鈕與Align鍵

（十一）選擇你想要看的天體，重複步驟3到步驟6，開始享受吧！經過二顆星精確校準後的赤道儀，應該可以讓你想看的天體進入視野之中。如果無法精確的導入，就要檢查儀器是否鎖緊、是否移動，以及校正過程是否精確，必要時得關閉電源，重複所有步驟。

　　其他自動導入系統的操作方法與上述大同小異，請詳閱該廠商說明書後再使用。

　　地處亞熱帶，加上高聳的山脈，使得台灣有著「福爾摩沙——美麗之島」的美名。這樣的自然條件，讓生活在台灣的人民成了最幸運的一群，在島上就能欣賞到各式各樣的天氣型態，以及所形成的特殊景色。

　　「除了攝影，什麼也不取；除了回憶，什麼也不留。」而學攝影的第一步，就是要有一台相機。「單眼相機比傻瓜相機好。要學攝影，機械式的相機比較好」這是許多人經常會聽到的話。不過，就使用的方便性，以及拍攝一般相片的而言，傻瓜相機往往比單眼相機更適用。如果你已經有一台單眼相機，別急著將它賣掉，把它翻出來好好保養一番，往後的日子裡，不管你到何處，記得隨身帶著它，因為它可以為您拍下不同感覺的照片，更重要的是，這些相片將會是獨一無二的。

　　天文照片很少見，所以許多人都會認為天文攝影是相當困難的。

　　拍生活照所需的曝光時間大約在1/15秒到1/1000秒之間。曝光量差了1倍，可能就會使得影像曝光過度或是不足。天文攝影的對象，是相當昏暗的星星。要讓這樣暗的東西在底片上顯像，需要長時間的曝光，當然還得搭配感光度較高的底片以及一個晴朗無雲的夜晚。天文照片一次曝光就是十分鐘、二十分鐘，甚至是一小時、

兩小時。差個一兩秒對於天文照片而言，是微不足道的。所以，你需要的是一台能長時間曝光的相機。電子式相機所強調的快速決定曝光時間，在天文攝影時是用不到的。

　　從地球上看來，星星都在無窮遠的地方，拍星星的時候只要把鏡頭的焦距固定在無窮遠就可以了。電子式相機所強調的快速對焦，在天文攝影上也變得毫無用武之地。

　　拍人像的動作要快，以免錯過任何一個美麗的瞬間。最簡易的天文攝影，只要天氣好，在昏暗的環境下，對著天空拍個十來分鐘，就能有一張漂亮的星跡照片。除了流星以外，你不需擔心星星會快速溜走，反倒是要在這樣長時間的曝光下固定好你的相機，所以，你還需要一個穩固的三腳架。如果有個東西能替你按著快門鈕，那麼一切就更美好了。

夫妻樹北天星跡

這些器材與滿天星斗的巧妙結合，再加上一些細心與
耐心，就會是一張張精彩的天文照片。

如果天文攝影就像上面所說的一樣簡單，那就不稀奇
了。許多狀況會出現在這段長時間的曝光之中，有些是
人為的疏失，有些則是肉眼完全無法察覺的，但這些都
會毀了你的心血。

一、 單眼相機是啥米玩
意？

相對於單眼相機，您一定會想
到雙眼相機，沒錯，雙眼相機一
般就稱為傻瓜相機。

如果按照英文直接翻譯成中文，「單眼相機」應該叫做「單鏡反光相機」，這個名詞比較容易理解。顧名思義，單眼相機就是由「單」一個「鏡」頭蒐集光線，利用「反光」鏡，將光線反射到觀景窗與底片上。

在還沒按下快門的情況下，光線經由反光鏡反射到上方的觀景窗。當按下快門時，反光鏡會升起，底片前方快門同時開啟，讓光線投射在底片上，利用這樣的機械結構，使用者透過觀景窗看到的影像，就是投影在底片上的影像，非常精確，因此這種相機結構通常用在專業相機上，這也就是單眼相機在一般人印象裡都是專業相機的原因。

隨著科技的發展，單眼相機造價已經大幅下滑，價錢較平易近人，加上電子設備的輔助，使用起來也更為便利，也因此，單眼相機後來又分為機械式單眼相機與電子式單眼相機。

要怎麼判斷您的相機是電子式還是機械式的？

即使是現在的機械式單眼相機，也需要裝電池來驅動測光系統，讓攝影者可以準確的決定曝光時間與光圈，所以，如果以有沒有裝電池來判斷是否為機械式相機，似乎不太正確。

所謂的機械式相機，就是快門的釋放與恢復完全不需要用到電池，所以真正的判斷方法，就是將相機的電池取下之後，按下快門鈕，看看相機是否可以正常運作，如果可以的話，就是真正的機械式相機，如果取下電池就無法正常運作，就是所謂的電子式相機。

FM2正面含鏡頭

快門未開啟前

快門開啟後

天文攝影者較偏好機械式相機的原因，就是因為天文攝影幾乎都是在高山低溫的環境下工作，電池在低溫的環境之下電力容易耗盡，使得電子式相機無法運作。當然，如果你可以讓您的電子式相機保持電力充足，它還是可以用在天文攝影上的。

你可能聽過，天文攝影一定要用到單眼相機。其實不一定啦！天文攝影用到的是一般機械式單眼相機幾乎都會具備的一項功能：B快門。

主鏡後方加上相機機身

星星很暗，要將星星的光線累積在底片上，曝光時間必須要比一般攝影長很多，通常是在半小時以上。B快門的用處，就是讓你能按下快門鈕多

FM2的B快門

久，快門就開啟多久，這樣就可以做長時間攝影。

單眼相機的另一項好處，就是可以更換鏡頭。天文攝影對於鏡頭品質的要求很高，最好是直接透過望遠鏡將光線聚焦，而不要經過其他的鏡片組。所以，除非需要拍攝星座等大範圍的照片，通常會將相機鏡頭拆下，再利用相機接環，將單眼相機的機身，直接固定在望遠鏡後方。

現在你知道天文攝影不一定要單眼相機，單眼相機也不一定可以用在天文攝影上了吧！只要你的相機可以在寒冷的氣溫下正常運作，而且有B快門可以長時間曝光，通通都可以拿來作天文攝影。

二、 相機鏡頭是啥米玩意？

一般鏡頭的規格都會標示mm與f值，例如我們買的50mm f/1.4標準鏡頭，50mm指的是這支鏡頭的焦距，而f/1.4則代表這支鏡頭的最大光圈。

相機鏡頭標示

光圈

什麼叫做焦距？焦距就是指從鏡片中央到焦點的距離。大家應該都有拿著放大鏡將陽光聚焦的經驗，當平行的陽光聚集在一小點，變得很亮、很熱，這個點稱為焦點。這時鏡片中央到焦點的距離就稱為焦距。

相機鏡頭由許多鏡片組合而成，所以鏡頭的焦距指的就是這些鏡片結合在一起，相當於一片焦距多少的單一凸透鏡。焦距愈短，拍攝到的範圍愈廣，每樣東西看起來愈小；焦距愈長，拍攝的範圍愈小，每樣東西看起來愈大，所以焦距大的鏡頭（焦距通常大於100mm）通常也稱為「望遠鏡頭」，而焦距小的鏡頭（焦距通常小於35mm）則稱為「廣角鏡頭」。

三、 光圈上的數字代表什麼意思？

透鏡的聚光範圍就是整個鏡片，為了讓攝影者可以控制進光量，鏡頭內部會安裝一組環狀金屬葉片，將周圍的光線遮蔽，以達到不更換鏡頭卻能改變進光量的目的。

光圈的數字愈小，進光量愈多，而且每個光圈數字之間的倍數似乎怪怪的。這是為什麼呢？

因為光圈數字的定義，就是「鏡頭焦距÷進光圈的直徑」。當進光圈的直徑愈小的時候，光圈數字就愈大，這樣就很容易理解為什麼「光圈數字愈小，進光量愈大」了。

另外，攝影器材的設計，都是以2倍為基準。以快門速度為例，上面的125、250、500代表的是1/125秒、1/250秒、1/500

秒，每個之間都相差2倍。相差2倍在攝影上就稱為1格。

現在看看你的相機鏡頭，數字當中比較常見的是2.8、4、5.6，這些數字看似沒什麼關係，但是把它套入光圈的公式，就會發現設計這些數字是有意義的。

FM2快門速度調整鈕

以焦距50mm的鏡頭為例：

（一）當光圈為2.8時，其有效進光口徑為50/2.8 mm，有效進光面積為$((50/2.8)/2)^2$ mm^2＝79.7 mm^2。

（二）當光圈為4.0時，其有效進光口徑為50/4.0 mm，有效進光面積為$((50/4.0)/2)^2$ mm^2＝39.1 mm^2。

（三）當光圈為5.6時，其有效進光口徑為50/5.6 mm，有效進光面積為$((50/5.6)/2)^2$ mm^2＝19.9 mm^2。

光圈2.8　　光圈4　　光圈5.6

不同光圈的透光面積也不同

看出來了嗎？2.8、4、5.6這三個數字所代表的進光量各差了2倍，配合同樣以2倍為間隔的快門，攝影者就可以利用不同的光圈、快門組合，在相同的條件下，達到想要的攝影效果。例如：想要拍出河水像絹絲一樣的感覺，快門速度就必須儘量慢，但是為了避免曝光過度，進光量必須同時縮小。反之，如果要清楚拍攝疾駛而過的汽車，快門速度就要儘量快，此時就要以較大的進光量來彌補。

剛接觸天文的昌任想買的300mm f/2.8鏡頭大概有多大呢？我們來算算看。

300/2.8 mm≒107mm，相當於一支將近11公分的折射式望遠鏡了！難怪一支鏡頭要價這麼高！

四、 星跡攝影

這是最能讓人看得懂，最容易上手的天文攝影方法，別小看這樣簡單的技巧，這樣拍出來照片卻是獨一無二，永遠都不會有另一張一模一樣的作品。

千萬不要小看入門的星跡攝影喔！除了星跡，在沒有光害的晴朗夜晚，還有機會拍到銀河呢！這是人馬座的星跡與銀河。

必要設備：

(一) 能夠長時間曝光的相機：

　　傳統相機與數位相機都可能可以用，只要先翻閱相機的說明書，找到其中一項「B快門」或是「長時間曝光」的功能，就可以拿來做星跡攝影。

(二) 快門線：

　　B快門雖然可以讓我們長時間攝影，但是需要一直按著快門鈕才有用。如果直接以手指按著快門鈕，除了行動受限之外，也會造成相機輕微的震動，影響拍攝出來的影像。傳統相機的快門線按鈕下方有一個鎖定環，只要把鎖定環旋開，按下快門線末端的鈕之後，就會一直

壓住相機的快門鈕，持續讓光線進入相機內部。要停止曝光的話，只要按下鎖定環，就可以釋放快門，停止曝光。

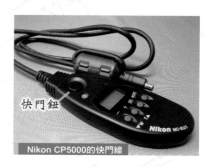

Nikon CP5000的快門線

　　電子式單眼相機或是較高階的數位相機都會有其專用的快門線，必須購買專用的電子快門線，才能使用這些相機的B快門。

(三) 腳架：

　　拍攝過程中，相機不能有任何些微的位移，所以需要將相機鎖在穩固的腳架上。腳架的選購要訣在於穩固，判斷的方法很簡單，就是將腳架伸長到所要使用的高度，並且將所有可以鎖定的

快門線

快門線

鬆開鎖定環

快門線鎖定鈕

鎖定環鬆開了

鬆開快門線鎖定鈕

按下按鈕

快門線壓下後會一直壓住

關節都鎖緊，以手抓住腳架的頭扭動，如果腳架會扭動，就有可能在拍攝過程中，受到風的吹動而讓相機晃動，拍出來的就會像是一堆毛毛蟲。

開拍了！

為了拍到星星移動的軌跡，在拍攝時間內，我們希望星星投影在底片上的移動量能多一點。接近天北極的天區，由於相同時間內，星星移動距離較短，所以曝光時間比較久；天球赤道附近，同樣時間內星星移動距離較大，拍攝時間可以短一點。一般星跡照片的拍攝時間要在30分鐘以上，這樣星星的軌跡比較長，看起來比較壯觀。在長時間的開啟快門下，光線會持續進到底片上，所以拍攝時的光圈不可以太大，以免底色太亮。一般在光害極低的地方拍攝，使用400度底片時，光圈可以設定在4到8之間，光圈數字愈大，拍出來的星星數目愈少，整張照片看起來比較乾淨。

光圈大的北天星跡

光圈小的北天星跡

北極星

利用固定式攝影方法在中和烘爐地停車場拍攝的北斗七星與北極星。

都會地區光害比較嚴重，長時間開啟快門容易使底片完全曝光變白。如果要在都市地區拍攝星跡，可以選擇背向都市光害的方向，選擇廣角鏡頭，並且使用感光度較低的底片（200度以下），鏡頭光圈大約設定在5.6以上，曝光時間也要縮短，以免拍出來的天空背景和白天一樣亮，這樣照片上就看不到星星的軌跡了。

五、 五分鐘內的天文攝影

不管是數位相機還是傳統相機，都應該會有夜景模式或是長時間曝光的選項，搭配腳架與快門線，在日落餘暉或是日出前曙光中做短時間的拍攝，同時將主要的亮星與天空的背景顏色拍下來，有時也將會是幅難得的作品。

使用Nikon Coolpix 5000所拍攝的仙后座。

拍攝過程中，記得要先將閃光燈關閉，並將焦距調至無限遠，光圈儘量開大，並且使用高感度底片（400度以上，數位相機則盡可能將感光度（ISO值）固定在100，以免雜訊過高，每次以加減兩倍的曝光值為差距，持續拍攝4張以上，沖洗出來後再挑選滿意的作品即可。

日出或日落的時候，天空亮度可能還不夠，無法直接利用相機測出適當的曝光值，這時可以利用一個小小的技巧，先騙你的相機，再換算回現有的設定。

首先，將相機機身的底片感光度改到最高（例如ISO 6400），光圈開到最大（例如2.8），對著要拍攝的天空測光。假設此時測光表顯示為1/8秒為標準曝光值，那麼我們就可以換算一下：

相機內底片的真正感光度為400度，400/6400＝1/16，表示說現在的底片感光度是測光當時

設定的1/16，為了達到相同的曝光量，快門開啟時間必須要是剛才測出來的16倍，所以快門應該改為1/8×16＝2秒，這樣就可以大略找出拍攝當時的曝光設定，再以包圍式曝光（標準曝光值的1/4x、1/2x、1x、2x、4x）來拍攝，如此一來，成功的機會就比較高。

　　上述的方法不只可以用在天文攝影，其實許多生活中的昏暗環境攝影，都可以用到相同的原理來測光或是其他設定，例如：煙火表演、都市的夜景等等。

有一次，我們在烘爐地測試望遠鏡時，旁邊有遊客正在放煙火，雖然很美，卻是一大光害！

雪梨夜景

第五課：進階天文攝影

一、 星空結合地面物的攝影

　　利用望遠鏡、赤道儀拍攝出來的天文影像固然難得、美麗，但是總是與日常生活的經驗無法結合，沒有經常接觸天文的人無法想像它與真實星空的關連性，少了份真實感。如果拍攝的時候能夠結合一些大家熟悉的地面景物，看到照片的人就更容易體會當時的景色有多美。

　　能夠拍攝星星的地點通常都是伸手不見五指的黑暗地區，這時候不會自行發光的花花草草就沒有光線能到達底片，當然也就只能在底片上出現黑色的剪影。如果希望地面物能夠清晰的出現在底片上，你可以在快門開啟的時間當中，利用閃光燈或是手電筒朝向拍攝方向的地面物來回照個幾秒鐘，讓光線打到地面物之後能反射到底片上，使得地面物能在底片上顯像。有時，背

百武彗星與北極星

向路面拍攝時，路上急駛而過的汽車車燈也可以幫上大忙。例如這一張照片，就是在拍攝過程中有一台汽車開著遠光燈迅速開過，當時我們快氣炸了，因為這台車的車燈實在太亮，我們擔心整張底片會因此而完全曝光變白。但是當我們將底片沖洗出來之後，才發現這張照片並沒有因為汽車燈光而毀了，反而因此照亮了地面綠綠的芒草以及白色的護欄，讓整張照片生動了起來。

只要不要讓燈光直接照入鏡頭，或是其他光線長時間照射同一區域，通常都能讓地面物的顏色鮮明的展現出來，增加照片的可看度。

二、 太陽攝影

相信大家在小學階段都有玩過一個實驗，就是利用放大鏡將陽光集中在一個小點，在這個地方放一張紙，紙張很快就會燒起來。如果我們在沒有任何保護之下就將望遠鏡指向太陽，而眼睛又在焦點附近，那麼眼睛就會和紙張一樣，燒起來。這可不是開玩笑的！千萬不要以為自己的反應很快，可以在眼睛感覺到熱的時候迅速移開，傷害是會在一秒之內發生的！千萬不要拿自己的眼睛開玩笑！

要安全的觀測太陽，必須將陽光減弱。天文專用的太陽濾鏡可以將陽光減弱為原來的1/10000到1/100000。將光線減為1/10000的太陽濾鏡是攝影專用的，減為1/100000的則是目視專用的，如果把1/10000的太陽濾鏡拿來直接觀測，會因為光線太強而感到不適。天文專用的太陽濾鏡還可以將看不見的有害射線（紫外線、紅外線）濾除，讓觀測更舒服、更安全。

可見光太陽濾鏡

如果沒有天文專用的太陽濾鏡，也可以將望遠鏡前方的開口縮小後，利用一般攝影用的減光鏡將光線減弱。望遠鏡前蓋通常會留一個小開口，就是這時候用的。

鏡筒蓋中央的小洞

鏡筒蓋前方小洞半開

在鏡筒蓋小洞裝上兩片ND400濾鏡

鏡筒蓋前方小洞裝上減光鏡

影子太大
望遠鏡偏離太陽

偏離太陽

影子達到最小
望遠鏡指向太陽

指向太陽

　　一般攝影用的減光鏡又稱為ND（Nutral Density）鏡。ND10的減光鏡可以把光線減為原來的1/10，依此類推，ND400的濾鏡就可以把光線減為原來的1/400。如果要將光線減為原來的1/160000，就可以將兩片ND400結合在一起，光線就會減為原來的 1/400 × 1/400 = 1/160000，相當於一片天文專用太陽濾鏡的減光量。

　　觀測太陽時，千萬不要用尋星鏡來找太陽，同樣會造成眼睛受傷。可以利用影子的原理來將望遠鏡對向太陽：影子愈大，偏離太陽愈遠，當影子達到最小的時候，望遠鏡就是指向太陽了！

　　我們肉眼所見的是太陽的光球層，在光球層之外其實還有一層色球層。因為色球層在可見光的強度較弱，平時多被光球層的強光影響而分辨不出來，只有在日全食發生的時候，光亮的光球層被月球遮蔽，才有機會在邊緣看到色球層的日珥、閃燄等特徵。

　　色球層所發出來的可見光，主要是氫原子的電子在不同能階之間轉換時所放出來的電磁波，波長為6563.8埃（埃＝10^{-10}m），也就是某部分的紅光。如果我們可以利用濾鏡，只讓這個波段透過，就可以觀測到色球層的特徵了。這種特殊濾鏡就稱為Hα太陽濾鏡。

　　既然色球層的光線是在紅光波段，我們也可以在減光組合的濾鏡當中，加入一片紅光濾鏡，這

Hα太陽濾鏡組

部份鎖在鏡筒前

Hα太陽濾鏡前端

CORONADO

部份鎖在鏡筒後方

Hα太陽濾鏡後端

Hα太陽濾鏡

兩片ND400濾鏡

ND400裝在望遠鏡前方

Hα太陽

樣就可以稍微看到色球層的特徵，當然，效果沒辦法像
專用的Hα太陽濾鏡那麼好，畢竟一分錢一分貨。

三、 重複曝光攝影

現在的電腦處理速度，讓移花
接木變得很容易。在傳統底片的
時代，如果要讓兩張影像出現在
同一個畫面上，必須要有暗房設
備，以及極高的暗房技術。為了
減少拍攝後暗房工作的複雜性，
單眼相機多半會附有重複曝光的
功能，在拍攝的過程中就先讓不

重複曝光鈕

FM2重複曝光鈕

持續按住重複曝光鈕
同時扳動過片桿

FM2重複曝光操作方法

台北夜景與月亮的重複曝光

同時間的影像曝光在同一張底片上，省去不少事後處理的工夫。

　　一般拍攝時，按下快門後，我們會搬動過片桿，將底片移開，同時恢復快門位置，準備下一次的拍攝。所謂的重複曝光，就是當我們按下快門後，撥下重複曝光鈕的同時扳動過片桿，此時相機會將快門恢復位置，但是底片並不移開，所以下一次的影像會投影在同一張底片上，也就是一張底片重複曝光了。

重複曝光的運用：太陽攝影定東西向

　　要在天文攝影上定出東西方向，最好的方法之一，就是利用重複曝光，讓星體因為東升西落

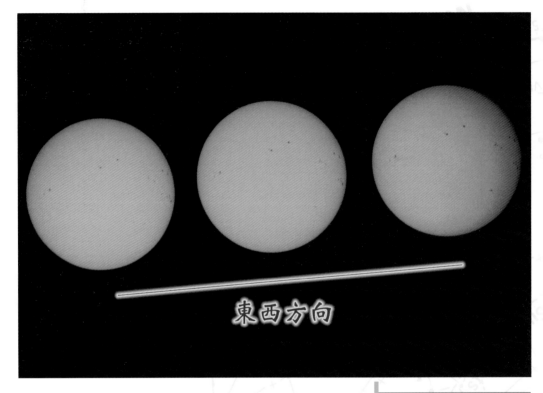

東西方向

利用重複曝光判斷照片的東西方向

而使得影像落在底片的不同位置，藉由至少三個影像，定出正確的東西方向，當然，垂直東西方向的就是南北向了。

如果在重複曝光時，換上不同焦距的鏡頭，加上適當的構圖，還可創造出相當震撼且不可思議的畫面喔！例如：先以焦距2000mm的望遠鏡拍攝月面，再換上焦距為50mm的標準鏡頭拍攝地景，就成了下頁這幅世界末日的景象！

在師大地科系天文台旁，利用重複曝光與變換鏡頭所拍到的超大月亮與環河快速道路。

四、 利用漂移法校正極軸

從極軸望遠鏡校正極軸的準確度，仍然無法滿足你的需求時，你可以試試更直接的校正方法，從赤道儀追蹤的情況來判斷極軸的偏差，這種方法稱為「漂移法」。

當赤道儀的極軸偏離天北極的時候，就會造成追蹤誤差，其中，看向東北方的星星可以較容易判斷出極軸的水平偏向，而看向天頂附近的星星則可以較輕易判斷出極軸仰角方向的誤差。

因此有人整理出下面的判斷方法：

當赤道儀的馬達正確運作時，如果觀察東北方的星會漸漸移向北方，代表極軸偏東，必須向西修正。修正之後，再將望遠鏡轉向天球赤道的星星。如果星星會漸漸移向北方，代表極軸太高了，必須向下修正。如此步驟持續重複進行，直到星星在望遠鏡

中看不出南北向的偏移，此時極軸已經相當精確的對準天北極了。漂移法必須精確判斷星星在視野中的移動方向，所以最好能使用內有刻線的目鏡，並在開始使用漂移法之前先將刻線方向旋轉至東西南北方向。

這個過程相當費時，但是對於喜愛天文攝影的人，以及喜愛高倍率觀測的人來說，花時間作精確的極軸修正可以省去許多修正追蹤誤差的問題，是相當值得練習的技巧。

既然漂移法完全不需要用到極軸望遠鏡就可以精確校正極軸，我們就可以反過來，以漂移法對準極軸後，看看極軸望遠鏡是否已經偏移，或是刻度是否正確的檢驗與校正喔！

五、導星

因為大氣的折射效應、齒輪間隙、平衡不佳、極軸不夠精確等等問題，使得應該準確追著星星跑的赤道儀，長時間下來誤差漸漸擴大。目視觀測還可以邊觀測邊校正，如果是長時間累積星光，星星就會漸漸脫離原來的位置，成為橢圓形的星點，嚴重的甚至成了一條線，所以，導星算是提高天文攝影成功率中蠻重要的一環。

(一) 導星是啥米玩意？

導星和自動導入功能並不相同，很多人會搞混。

所謂的自動導入，是經過幾個校正的步驟之後，經由控制器或是電腦連線下達指令，讓赤道儀本身驅動馬達，將望遠鏡對準我們要觀測的天體；而導星是指在天文攝影過程中，利用人工監視或是CCD監視，看看星星是否還在原來的位置，如果移開原來的位置，就要手動或自動利用控制器微調馬達，讓星星又回到原來的位置。

從以前到現在，我們的導星設備就像是歷經了石器時代、工業革命時代到資訊e化時代的產品，很幸運地用到最陽春與最先進的導星設備。以下是相關的使用說明，歡迎大家試試看！

導星的基本概念：

1. 單眼相機在快門開啟的同時，反光鏡已經向上彈起，無法將從前方進來的星光反射到觀景窗，從觀景窗內看出去是一片黑，當然也就無法從相機的觀景窗來監視星星是否還在原來的位置，所以通常會裝設另一支可以

亞米茄（Omega）星雲M17

微調方向的小望遠鏡，作為拍攝時的監視之用，這一支專門拿來作為導星用的望遠鏡就稱為「導星鏡」。

2. 望遠鏡所見的景物並不是正向的，所以在開始導星之前，要先確認控制器上面的按鍵各會讓望遠鏡內的星星移向哪個方向，方便之後導星時迅速而正確的微調。

3. 導星的光線最好和拍攝的是同一個來源，如果一定要從另一支望遠鏡來監視，則導星鏡與拍攝用的主鏡要

導星鏡
主鏡
主鏡與導星鏡

盡可能的平行。

4. 如果需要用到導星鏡，要確定導星鏡不會鬆動，以免拍攝過程中因為導星鏡鬆動了，卻誤認為是主鏡偏移，而做了不該有的修正。

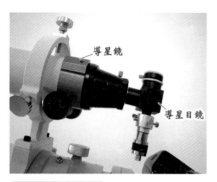
導星鏡與導星目鏡

(二) 人工導星

這個石器時代的導星方法，是最穩定、成功率最高的方法，不過卻考驗著拍星星的人的體力與毅力！

利用離軸導星裝置，或是導星鏡，加上含有刻線照明、高倍率的導星目鏡，例如：Vixen的GA-4導星目鏡，在拍攝過程中微調星星的位置，就是所謂的人工導星。

開始拍攝前的調整步驟如下：

1. 將主鏡對向要拍攝的目標，並作好拍攝準備（對焦、快門調整等等）。

2. 透過導星鏡與導星目鏡尋找可以作為位置參考的亮星。如果視野當中沒有夠亮的星，則可以利用導星鏡的微調設備，將導星鏡些微的移動，直到找到可以用的星。作為導引星的星星不要太亮，也不要太暗，眼睛看到目鏡內紅色刻線時，也要能輕鬆看到這顆星星，這是最好的導引星。

GA-4內部影像

3. 調整刻線亮暗，讓刻線與導引星都可以輕易看見。

4. 測試馬達的速度。

5. 按下控制器四個方向的其中一個按鈕，看看導星目鏡中的星星移動方向，並旋轉導星目鏡，使得刻線方向與星星的移動方向平行。

6. 將導星調回視野中央，並記下控制器四顆按鈕與視野內星星移動方向的關係。（某些赤道儀

的控制器還提供了馬達反轉的切換鍵，方便使用者在人工導星時將按鍵方向調整成星星移動方向）。

7. 試著在五分鐘內維持星星在導星目鏡視野中的同一位置。

8. 再次確認主鏡的拍攝目標與焦距是否準確。

9. 按下快門開始拍攝，並且開始透過導星目鏡監看追蹤狀況。

10. 結束拍攝。

(三) CCD自動導星

之前提到的導星過程，其實可以藉由CCD與電腦軟體的結合而取代，這對於喜歡拍星星的同好來說是一大福音，因為再也不必一整晚都待在接近0℃的環境下，盯著小小的目鏡，快要凍僵的手還要很小心的按著冰冷的按鍵，更嚴重的是，這樣的動作還得持續1個小時左右。

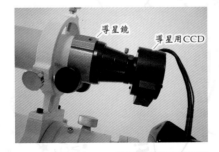
導星鏡後方接CCD

把CCD裝在目鏡的位置，取代肉眼看星星的功能。電腦軟體持續分析CCD上的星點位置，並且對控制器下指令，就可以取代了人腦判斷與手部的動作。

接下來就是利用CCD導星的幾個基本步驟。

1. 將CCD與電腦、CCD與控制器的連線接好。不同的CCD與不同的赤道儀控制器之間所需要連接線可能會不同，有時還得參考說明書自製或託人代製。

CCD與控制器連線孔

2. 將主鏡對向要拍攝的目標，並作好拍攝準備（對焦、快門調整）。

3. 利用電腦控制CCD的軟體當中的對焦功能（Focus），調整適當的曝光時間，開始調整焦距，直到CCD影像的星點達到最小，此時CCD上畫素的讀值也會在同樣曝光時間裡達到最高。

4. 微調導星鏡，將CCD影像中最亮的星點移至畫面中央附近。

5. 利用CCD控制軟體中的校正功能（Calibrate），讓電腦嘗試著對赤道儀控制器下指令，並判斷下達指令的方式、時間長短與星點移動之間的關係，這與人工導星過程中，按下控制器四個方向的其中一個按鈕，判斷導星目鏡中的星星移動方向與距離一樣，經過這樣的過程之後，遇到需要校正導引星時，電腦才知道要下哪個指令，以及需要持續下多久的指令。

6. 如果CCD控制軟體校正失敗，則要嘗試著修改各方向校正的持續時間。如果加大校正持續時間仍然無法讓電腦自動校正成功，就要檢查赤道儀的平衡與齒輪間隙是否異常。

7. 電腦校正成功後，要再次確認主鏡的拍攝目標與焦距是否準確。

8. 確認無誤之後，就可以開始讓CCD自動導星（Autoguide），從電腦螢幕上看看是否可以將追蹤的誤差修正回來。

9. 如果一切都正常，就可以輕輕的按下快門線，讓相機開始曝光。

按下快門的瞬間，相機會因為反光鏡向上彈起而稍微震動一下，可能會使得導星鏡也跟著震動，此時CCD會嘗試著將星點移回原位，造成赤道儀追蹤不穩

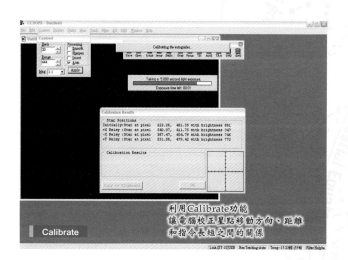

利用Calibrate功能
讓電腦校正星點移動方向、距離
和指令長短之間的關係

Calibrate

定。如果擔心這樣的過程會影響拍攝結果，可以在開啟快門前，先利用一塊黑布蓋在鏡頭前面，再按下快門，等CCD穩定了導星之後，再輕輕將黑布掀開，這樣就可以避免快門震動造成剛開始曝光的追蹤誤差。

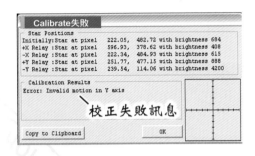

Calibrate失敗

Star Positions
Initially:Star at pixel   222.05,   482.72 with brightness 684
+X Relay :Star at pixel   596.93,   378.62 with brightness 408
-X Relay :Star at pixel   222.34,   484.93 with brightness 615
+Y Relay :Star at pixel   251.77,   477.15 with brightness 888
-Y Relay :Star at pixel   239.54,   114.06 with brightness 4200

Calibration Results
Error: Invalid motion in Y axis

校正失敗訊息

Copy to Clipboard   OK

Calibrate成功

Star Positions
Initially:Star at pixel   27.44,   25.96 with brightness 1889
+X Relay :Star at pixel   32.66,   49.64 with brightness 2800

電腦判斷出星點移動方向、距離與指令之間的關係

+X Relay : Speed = 4.85 at 12 degrees
-X Relay : Speed = 4.71 at 192 degrees
+Y Relay : Speed = 1.78 at 104 degrees
-Y Relay : Speed = 1.83 at 285 degrees

校正成功！   OK

Autoguide運作中

主要CCD所拍攝的單幅影像

CCD導星狀態

追星族的星八課

第六課：數位天文攝影

使用Nikon Coolpix 5000所拍攝的獵戶座

一、 數位相機

沒有能夠長時間曝光的相機，就注定與天文攝影絕緣嗎？其實不然。

就像是硬要拿著一支螺絲起子要敲釘子一樣，每個物品都有它發揮的空間，用對了地方就會很有效，用錯地方就會變得很蹩腳。既然手邊的數位相機不適合長時間曝光，那麼拿來拍亮度較高的天體，還是可以達到不錯的效果。

一般相機最大的灶門就是鏡頭品質，遇到不能更換鏡頭的相機更是沒有改善空間。不過，此時可以結合望遠鏡，將望遠鏡當作是相機的鏡頭，看似無解的問題就解決一半了。

要把望遠鏡和相機接在一起，根據相機的鏡頭可拆與不可拆，有兩種主要的接法：

望遠鏡後方直接接上相機，稱為直焦點攝影：鏡頭可以拆掉的單眼相機機身才可以這樣接。此時是將望遠鏡直接當作是相機的鏡頭。

特殊接環　　單眼相機機身

直焦點攝影

Afocus攝影

望遠鏡後方接上目鏡後再接相機，稱為Afocus：一般鏡頭無法拆掉的數位相機都可以這樣接。

因為閃光燈的有效距離只有幾公尺，無法照到天上的星星，所以在拍攝之前要記得**先把數位相機的閃光燈強制關閉**，以免相機誤以為有閃光燈的輔助而減少曝光時間。因為每一種數位相機的操作方法都有些不同，所以請拿出原廠說明書，好好翻閱，找到接下來要調整的項目，才是根本解決之道。有一件關於說明書的事情要提醒讀者。中文說明書的內容大多都已經被簡化過了，如果在中文說明書上找不要你要的資訊，試著看看原文的說明書，或是到網路上的討論區找找，通常都能找到答案的。

手拿著數位相機，利用Afocus的方法接在目鏡後方，是最省錢的作法。不過，手的輕微晃動、相機鏡頭的角度，都會影響拍攝的結果。如果真有心要做這樣的天文攝影，建議您還是向天文儀器廠商購買適合您數位相機的轉接環，將相機牢牢的固定在目鏡後方，拍攝起來會比較順利。

數位相機轉接環與目鏡

另外，因為數位相機大多是利用紅外線或是雷射陣列的發射與接收，來判斷拍攝物體的距離，這樣的測距方式在天文攝影上完全發揮不了作用，相機會一直瘋狂的對焦，甚至最後還會決定出一個錯誤的焦距，使得拍攝結果慘不忍睹。星光經過望遠鏡與目鏡之後，從後方出來的是平行光，就像是遙遠物體所發出來的

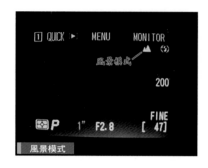

光一樣，所以要先利用手動設定的方式，將數位相機的焦距固定在無限遠（inf）。如果你的數位相機沒有這項調整功能，不要急著丟掉喔！相機的拍攝風景模式也會將焦距固定在無限遠，你可以找找看相機裡是不是有風景模式可以選擇，通常是一座山的圖示，如果有的話，還是可以拿來拍星星的！

拍攝前只要用眼睛直接透過目鏡將目標調至視野中央，精確對焦後，再接上已經將對焦距離固定在無限遠的數位相機，準備工作就大致完成了。

此時按下快門鈕，你應該會發現拍出來的影像都是曝光過度的，也就是行星或月面變成整個白色的，看不出特徵。這是因為相機的測光模式大多是設定在矩陣測光，也就是將所有景物都拍成不會太亮、也不會太暗的情況。現在鏡頭裡除了小小的行星，或是一部分的月亮之外，其餘都是一片黑，相機當然會自動調整曝光設定，讓進光量多一點，這樣的調整讓背景亮了些，但是就造成我們要拍攝的目標過亮了。解決方法就是手動調整相機設定，讓快門速度比相機自訂的快一些。邊拍攝

邊調整，就會漸漸出現和目視較相近的影像了。同樣的，如果你的相機不能調整快門，還有其他方法。例如選擇點測光模式或是運動模式等，都可以將快門速度增加。

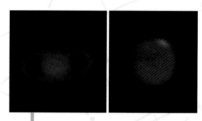

利用一般數位相機接在望遠鏡後方拍的土星與火星

最後還要提醒您幾件事。

（一）利用一般數位相機接在目鏡後方拍攝時，將焦距固定在無限遠後，儘量將鏡頭貼近目鏡，這樣一來可以有更大範圍的光線進入相機，也就可以拍到更大範圍的影像。

（二）如果你要拍攝的是大範圍的月面或是太陽表面，而這些影像已經占據相機觀景窗中央1/2以

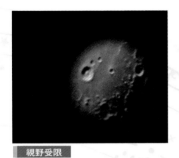

視野受限

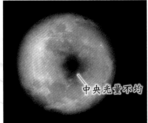

中央光量不均

中央光量不均

固定在最大光圈所拍攝的月亮

上時，還要記得將相機光圈固定在全開的狀態，只利用快門速度來調整曝光量，否則拍攝時會因為光圈自動縮小，而使得從目鏡來的光線被遮掉一圈，造成拍攝影像光量不均勻的情形。

（三）以手動方式將光圈固定在最大值後再拍攝，就不會出現這樣的現象了！

（四）一般的數位相機可以用在天文攝影上嗎？當然可以！只要你很熟悉你的相機，這一點是沒有人可以幫你，只有你在拍攝前先翻閱說明書，將調整光圈、快門、焦距的方法找出來，拍攝成功率才會提高。

二、 數位攝影機與網路攝影機

因為大氣擾動的關係，當我們以較高倍率透過望遠鏡觀察星體的時候，會看到星體在一秒鐘內就有不規則的跳動或變形，這樣高速的變化就造成拍攝的影像模糊，就像是我們在昏暗的環境下以相機拍攝小孩子一樣。

但是如果仔細觀察，就會發現這些影像並不全然是模糊的，有時會有某幾個瞬間的影像相當清晰。如果我們將這些影像「錄」下來，每秒30個畫面的動態影像將有機會捕捉到一些清晰的影像，所以最近有愈來愈多的業餘天文攝影家開始利用攝影機捕捉行星的影像，再利用軟體加以挑選、疊合，調整出極清晰的影像。

遮光罩　　　　　　　　　保護鏡　　　　攝影目鏡

DV未拆遮光罩前　　DV拆下遮光罩之後　　DV拆保護鏡　　DV裝上攝影目鏡

除了可以利用Afocus的方法，將數位攝影機接在望遠鏡後端之外，部分的網路攝影機（WebCam）可以輕易的將鏡頭拆下，加上特製的接管，裝在望遠鏡後方，有些還可以透過軟體來調整快門速度、色彩平衡以及增益等等的參數，用較少的花費得到與攝影機相同甚至更好的影像。一般業餘天文攝影家較常用的，就是Philips的ToUCam 740K pro與840K pro。下面就是以PhilipsToUCam 840K為例，說明錄製影像的基本過程與調整項目。

（一）要使用電腦周邊，當然要先安裝好所有的驅動程式與軟體。

（二）安裝接管

先將原有的鏡頭旋下，並旋上特製的接管，之後就可以將WebCam裝在望遠鏡的美規目鏡座上。

原來的鏡頭　　　　　接管

拆掉Webcam的鏡頭　　加上接管

（三）尋找目標並裝上WebCam。

（四）將望遠鏡轉向要拍攝的天體，並將天體調整至視野正中央（可以先用低倍率目鏡調整後，

換上高倍率目鏡再做位置的細微調整）。將目鏡取下，換上已接上接管的WebCam。

（五）軟體調整並錄製影像。將WebCam的USB線連接至電腦後，打開VRecord。

主鏡後方加Webcam

（六）進入「Option」下的「Video Properties」會出現一個視窗，可以調整錄製影像的效果，例如：每秒幾張影像（Frame rate）等。

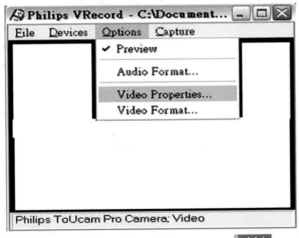

（六）

（七）將畫面右上角的全自動控制（Full Auto）取消，才能做其他的進階調整。

（八）點選上方Camera Controls，進入相機控制項目。

（九）取消畫面中央的曝光（Exposure）自動控制（Auto），就可以調整快門速度（Shutter speed）與增益（gain）。增益會使得錄製影像雜訊增加許多，儘量讓增益調整桿調到左方，也就是不要用到增益功能，只利用曝光時間來調整影像亮暗，這樣可以得到較佳的影像品質。

（十）上述各項都調整好之後，按下視窗下方的關閉鈕。

（十一）回到VRecord視窗上方「Option」下的「Video Format」，將畫面播放速率改為30，並且把輸出大小改為640x480，以得到較高解析度的影片。

（十二）進入VRecord視窗上方的File，設定影片檔案要儲存的位置

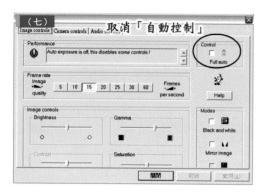

取消「自動控制」

設定檔案位置

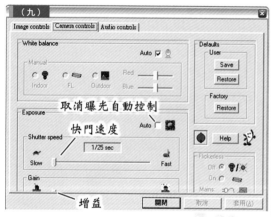

取消曝光自動控制

快門速度

增益

開始錄製

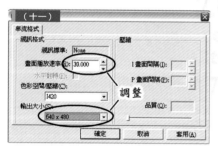

調整

與名稱。

(十三) 微調影像的位置。

(十四) 按下VRecord視窗上方Capture底下的Start Capture就開始錄製了。

(十五) 錄製過程中，視窗左下方會出現已經錄下來的影格數。

(十六) 按下鍵盤上的Esc鍵，就可以停止錄製了。

注意事項：

(一) 因為中文系統語言顯示的問題，增益（gain）的調整桿無法完全出現，使用者很容易忽略。如果忘了將增益降低，錄製的影像將會出現大量的雜訊，影響最後的品質。

(二) 錄製過程中的資料流量很大，如果寫入硬碟的速度不夠快，會出現影片掉格的現象。所以在錄製之前請先將電腦做磁碟重組或是系統整理。

(三) 為了配合後製軟體Registax的限制，每段影片的總畫格數不要超過2500格（不要超過2000格更好），以省去修剪影片的時間。

(四) 每段影片的檔案大小約為1GB，請先清理出所需的磁碟空間。

三、 從影片中挑出好的影像加以疊合，製作出一張超棒的影像！

動態影片的單張影像

動態影片疊合後的影像

　　當我們利用攝影機或是WebCam將天文影像錄下來之後，會發現有些影格較為清晰，如果能夠將這些影格挑選出來並疊加在一起，就有機會讓原本因為大氣擾動而模糊的細節再次出

現。Registax就是在適當的設定之下，自動將這些影像挑選並重疊的免費軟體。

Registax原始網頁http://aberrator.astronomy.net/registax/

使用說明：

（一）開啟程式，勾選「colour processing」

（二）按下「select input」選擇要處理的影像。這個程式可以處理.avi、.bmp、.jpg、.tif、.fit檔案，每個畫面大小不得超過1024×1024像素。.avi檔的總影格數不能超過2500張。

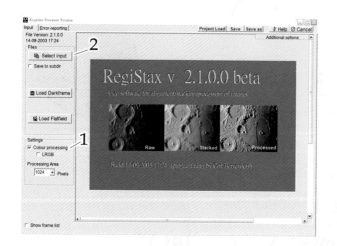

（三）選擇判斷參考點的範圍大小。

（四）勾選後可以顯示所有影像清單（Frame List），以滑鼠在清單上直接點選較清晰的影像，作為參考影像。

（五）將滑鼠移至自己選定的參考點，按下滑鼠左鍵。

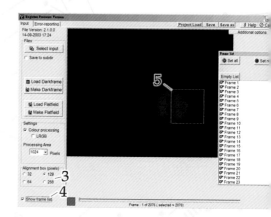

（六）調整此數據後按下Recalc FFT，使得FFT Spectrum圖中的紅色圓形愈圓、愈小愈好。

（七）設定要用來疊合的影像畫質。90代表畫質在90％以上的影像才會用來做最後的疊加。

（八）按下此鍵，開始對齊與疊合。以2000張影像為例，大約需要處理半小時。

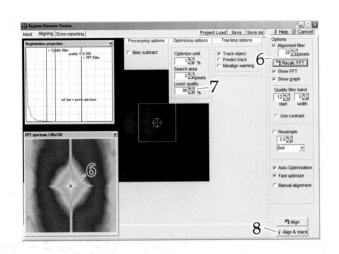

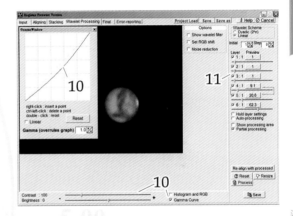

（十）疊合完成以後可勾選此選項，顯示調整Gamma的視窗。將滑鼠移至線上，按著左鍵拉動Gamma曲線，調整影像，也可以利用左方拉bar調整對比與亮度。

（十一）拉動此處可以調整影像細節清晰程度。

（九）對齊與疊合的過程中，要隨時注意物體移動時，白色方框是否也跟著移動。如果方框無法跟著移動，就必須回到步驟3，重新設定參考點。

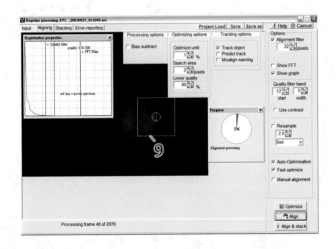

（十二）旋轉影像。

（十三）調整色相度、飽和度與亮度。

（十四）影像儲存。

（十五）儲存所有資料。下次可以直接載入所有影像資料，省去對齊與分析影像的時間。

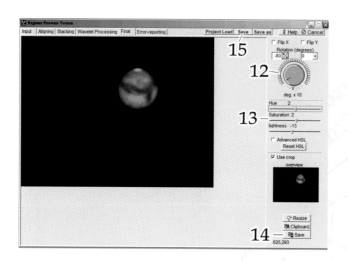

四、 天文冷卻CCD

注意事項：

（一）原作者網頁會不定時提供新版軟體，如果使用後發現軟體有瑕疵（bug），可到原始網頁上下載新版軟體。當然也可以將您所遇到的問題回饋給作者，作為改進的參考。

（二）如果您的電腦螢幕解析度最高只有800X600，在使用正常版本的Registax時，會出現有些按鈕按不到的情形，請至原作者網站下載Registax small version。

（三）設定參數與調整最終影像，都需要極大的耐心，慢慢嘗試，才能疊合出極佳的影像。

有了這強大的免費軟體當靠山，大家可以好好的發揮家中數位相機與數位攝影機，拍出令人激賞的影像！

數位化的浪潮在全世界蔓延開來，好像不管是什麼產品都要數位化！拍攝天文的工具也一樣。

以往利用底片拍攝時，必須要等到沖洗出來之後才知道拍攝成功與否，往往失去了寶貴的拍攝時間。而且，大多數底片在昏暗的拍攝環境之下，底片感光度都會比標示的少許多，這樣的性質有人翻譯為「相反則不軌」。如果將數位相機應用在天文攝影上，將可以解決這些問題。

看到這裡，你會以為近幾年數

位化感光元件，也就是您經常聽到的CCD，才進到天文領域。其實不然。

　　如果近幾年天文界才以CCD取代底片的話，那麼哈柏太空望遠鏡每拍好幾張照片，就必須派太空人上去將底片取下，換上新的底片，那將會是多麼費時而愚蠢的事情。果真是如此，那些已經飛躍太陽系範圍的太空探測船，沒有太空人去將底片收回來，我們又怎麼能看到它們所拍到的影像？

　　數位影像技術用在天文上的時間，比你想像的早很多很多……只不過當時這些感光元件相當昂貴，一般人用不起，就連世界級的大天文台都望之卻步。直到近十年CCD的製造成本大幅下降，售價較為平易近人，實用性也較高，才漸漸進入天文台與業餘天文攝影領域。2002年後，數位單眼相機（DSLR）大降價，更是讓許多天文攝影家捨棄一同征戰已久的傳統機械式相機。

　　你經常聽到CCD這個名詞吧！CCD到底是什麼？

　　CCD是Charge-Couple Device的縮寫，意思就是「電荷耦合裝置」，這個名詞還是不好懂。

　　說白話一點，CCD就是利用半導體技術，將照射在其上的光轉換成為電子的裝置，通常會利用設計好的配套電路將這些電子訊號依序傳到電腦上，形成影像。

　　大部分數位相機與數位攝影機的感光元件都是CCD，就連你在和網友開視訊會議的網路攝影機也可能是CCD。數位感光元件除了CCD之外，還有另一種稱為CMOS，也有將光轉換成電子的功能。

　　與傳統底片比較起來，CCD的好處多多：

(一) 感光度較高：

　　CCD的說明當中，有一張稱為「Q.E.」的圖，就是描述CCD感光度高低的圖。量子效應，簡單的

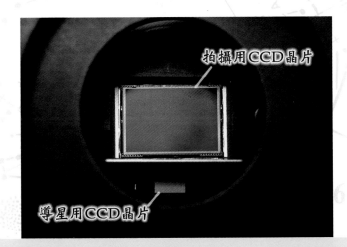

拍攝用CCD晶片

導星用CCD晶片

說，就是光轉換成信號的效率。假設有100顆光子到達CCD，如果產生100個信號，那麼這個CCD的量子效應就是100％，如果產生60個信號，那麼量子效應就是60％。量子效應愈高，感光度就愈高。但是，不同波長光線的量子效應也會不同，所以不能單以一個數值來代表這個CCD的量子效應，通常會以一個波長與量子效應的關係圖來表示。

你可以從下面的Q.E.示意圖看出來，這個CCD對於波長為700mm的光，其量子效應最高有80％。

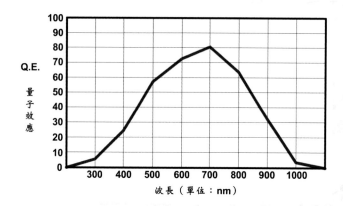

要特別注意的是，一般我們拍攝的紅色星雲，是屬於發射星雲。所發出來的紅光集中在Hα波段，也就是6563.8埃（656.38 nm），所以，如果要用CCD來拍攝發射星雲，就要特別注意這個波段的量子效應高不高。

天文專用冷卻CCD的量子效應通常都會在50％以上，而傳統底片在昏暗環境拍攝的時候，則大約是在5％～ 10％左右。

(二) 可即時看到結果：

傳統底片攝影方法，必須要拍完之後，等底片沖洗出來，才知道拍得成不成功，往往會有一個小小錯誤毀了整捲底片的情形發生，例如：對焦不準等等。當改用CCD拍攝後，每次結束曝光，影像就會傳送到電腦當中，控制程式通常也會立刻將影像顯示出來，拍攝者可以立刻看到整個拍攝系統是否有錯誤，並且加以改善，不會讓整晚的努力白費了。

(三) 直接數位化：

電腦的後續調整與影像處理，可以讓原本有瑕疵，或是雜訊太高的影像起死回生。傳統底片必須經過掃瞄才能轉換成為數位檔案，過程中難免會有顏色失真等問題。使用CCD拍攝後，影像就

是數位檔案，後續的消除雜訊等工作，都可以直接利用相關軟體處理。

當然，CCD也有缺點在：

(一) 解析度較低：

傳統底片的感光顆粒大小比CCD的像素小得多，所以，比較低感光度的底片所拍出來的影像仍然比CCD影像細緻。不過，如果CCD影像能跨進一千萬畫素以上，那麼解析度就與底片很接近了。

(二) 感光面積較小：

一般業餘天文攝影家能負擔得起的天文冷卻CCD，其晶片大小，也就是感光面積大小，大約只有一般底片的一半左右，搭配相同的望遠鏡，所拍攝到的範圍就會比較小，對於視角較大的星雲、星團，只能用馬賽克的拍攝方式，先拍局部，再將多張影像拼湊起來。CCD晶片較小，甚至會造成尋找拍攝天體的困難。

(三) 黑白影像：

天文專用冷卻CCD內部的濾鏡盤

天文用的冷卻CCD僅負責感受光線強弱，所以拍攝出來的影像是黑白的。如果要拍攝彩色影像，必須至少分別利用R（紅）、G（綠）、B（藍）三個濾鏡各拍攝一次，再以軟體疊合成彩色影像。這對於一般的星團、星雲不會造成問題，但是如果拍攝的是彗星、行星等，看起來會相對於星星移動的天體，在不同濾鏡的拍攝過程中，目標已經移動位置了，所以疊合出來的彩色影像會出現三種不同顏色星星的狀況。

(四) 價格高：

一個天文冷卻CCD的價格，從數萬元到數百萬不等，對於剛踏入天文攝影的業餘玩家來說，還是相當大的負擔。

如果你可以解決上述這些缺點，那麼利用天文冷卻CCD來拍攝天文影像，是相當具有威力，而且使用彈性相當大。

CCD拍攝時要持續通電，產生的熱量會使得CCD雜訊增加。一般生活環境中使用數位相機時，你不會發現這個問題，因為拍攝的信號強度太高了，這些雜訊微不足道。但是當CCD用在天文攝

影上的時候，星光所產生的信號很弱，這些雜訊就變得無法忽略，再加上天文攝影的曝光時間長，通電時間愈長，熱量愈高，產生的雜訊比一般的更強。為了解決這個問題，天文專用CCD都會加上冷卻功能，讓CCD本體的溫度能藉由致冷片，將溫度降到室溫之下20℃左右，以降低雜訊。CCD本體降到－10℃是很正常的事情，這也就是為什麼天文專用CCD通常都稱為冷卻CCD的緣故。

既然CCD的雜訊無法在天文攝影中忽略，我們就必須在拍攝後將這些雜訊去除。所以在觀測後，都會再拍攝許多幅的修正用影像，以利事後處理用。最起碼要拍的修正影像，就是暗電流影像，也就是這段曝光時間中的雜訊強度。

CCD外部冷卻風扇

原CCD影像

暗電流影像

拍攝方法如下：

(一) CCD必須冷卻到與拍攝時相同的溫度。

(二) 不能有任何光線打到CCD上。

(三) 與拍攝影像相同的曝光時間。

(四) 再利用CCD影像處理軟體，將拍攝影像減去平均後的暗電流影像，就可以將大部分的雜訊去除。

　　這個邏輯同樣適用於以數位單眼相機拍攝天文的同好。雖然這些相機沒有冷卻功能，但是只要在拍攝影像後，隨即將鏡頭蓋蓋上，拍相同的時間，所得的影像就相當於暗電流影像了。之後在Photoshop等影像處理軟體裡將暗電流減去，就可以得到雜訊較低的影像了。

修正後影像

第七課：一起DIY

一、 改裝觀星用手電筒

可以看星星的地點通常都是光害較少、伸手不見五指的黑暗角落。初學者要在這個環境下對照星座盤才會認星星，天文攝影者也要在這樣的環境下看著星圖才找得到星星，這些都需要照明。一般的白光手電筒用在觀星上太亮了，白色的光也容易造成周遭攝星者的底片曝光，所以通常都會建議大家用紅色玻璃紙將手電筒前方包起來，一方面減少亮度，一方面紅光也比較不易在底片上散成一大塊的光霧。這樣處理過後的照明問題只解決一半，因為在高山觀星時，電池會因為低溫的關係壽命大減，剛開始你會希望手電筒暗一點，過沒多久又巴不得手電筒可以再亮一些。所以，如果可以用省電的紅色發光裝置來取代一般手電筒，將會是觀星者最適合的裝備。省電、高亮度的紅色LED就是最佳的選擇。新的交通號誌以及高級汽車的煞車燈那種一顆一顆小顆的東西，就是我們要改裝的材料。

LED（Light Emitting Diode，發光二極體）的好處很多，除了省電、不易發熱之外，通電到發光的時間間隔極短、壽命長、不易破裂等等，都是LED將會被廣泛運用的原因。市面上除了少數多功能的手電筒有紅光LED的設計之外，大部分都還是以白光、藍光為主，而且價錢高昂，直接夠買現成的LED手電筒回來改裝的話，更會因為紅光LED與白光LED的性質不同，使得更換後效果不佳。

其實，一個自製紅光LED照明器的材料費不到30元，又可以重複利用那些你以為已經沒電的電池，既經濟又環保。更重要的是，這樣的裝備最適合觀星族使用，所以，趕快跑一趟電子材料行，將下面的材料準備齊全，做一個屬於自己的紅光LED手電筒吧！

(一) 完全自製版

材料：

1. 超亮紅色LED一顆（約10元）
2. 電池盒一個（約15元）（以你家中最容易取得沒電電池的尺寸為主）
3. 電工膠帶
4. 尖嘴鉗

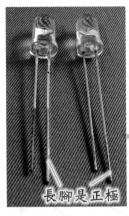

長腳是正極

電線末端剝皮

電線剝皮

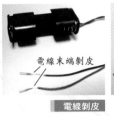

連接正極

纏繞

連接正負極

分別以電工膠帶纏住正負極

膠帶版成品

LED接腳較長的是正極

步驟：

1. 辨認LED的正負極：LED的兩支接腳不一樣長，這並不是製作過程的瑕疵，而是在標示正負極。長的是正極、短的是負極，不要接反了！

2. 利用尖嘴鉗將電池盒的電線末端各剝1公分的電線皮。

3. 將LED的正極折起約90度，把紅色電線纏繞上去，最後用尖嘴鉗將正極腳向上折至平行。如果家中有烙鐵與銲錫，可以在電線纏好之後，利用烙鐵將電線與LED腳固定。

4. 重複步驟三，將負極連接好。

5. 剪一小段電工膠帶（大約3公分長），先將正極包住，再纏繞整個LED接腳部分，直到完全絕緣。

6. 裝上已用過的電池兩顆，就會發出強烈的紅光了！如果使用新的電池，可能會使LED發熱，並使得其中的半導體迅速老化，提早掛點。

現在你可以將做好的紅光LED照明器當作是小夜燈，看看能持續亮多久，你才會知道以前把這些電池就這樣丟掉是多麼浪費的事！

(二) 手電筒改裝版

完全自製的紅光LED手電筒很省電、也很便宜，但是可能會有人覺得有個開關會更好用，這時候你就可以利用家中那些燈泡已經燒壞了的3伏特小手電筒來改裝。

步驟：

1. 取下燒壞的燈泡。

2. 換上LED，並彎折LED的正負極，讓LED與原手電筒的正負極

連接。

3. 裝回手電筒，測試是否能發光。

4. 調整LED照射方向。搞定！

手電筒原燈泡

換上LED

有時需要調整LED指向
裝上電池測試

二、 鋁板鑽孔

購買整套天文望遠鏡時，廠商都會配好各部位所需的連接板子與螺絲。但是當我們想要利用不同望遠鏡或是同時架上更多的攝影設備時，原本附的板子就變得不敷使用。買一塊鋁板，鑽上幾個孔，就可以讓我們隨心所欲的變化不同的攝影組合了。

NJP與四支鏡筒

買一塊鋁板，請專業人士幫忙鑽孔，當然可以鑽得很準，不過代價很高，一個孔需要大約50元，而我們其

用鋼釘釘個小凹洞

確認孔位

實也不需要這麼高的精確度。如果真的想一直玩天文攝影的話，花個2000元左右買一台小型鑽床，再加上幾隻鑽頭，愛鑽幾個孔，就鑽幾個孔，效率高又省錢！

動手鑽過孔的人都知道，要鑽得很準是很不容易的，因為當鑽頭接觸鋁板時，鋁板會滑動，而且這麼大一支鑽頭的中心在哪裡，要怎麼精確的瞄準，都是需要經驗與技巧的。老爸教我一招，現在教給你，保證實用！

（一）先在鋁板上標示要鑽孔的位置。

（二）以鋼釘輕輕在鑽孔位置釘一下，讓此處的鋁板凹一點點。

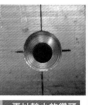

鑽完孔之後留下的鋁屑　修除鋁屑　完成　鑽頭需比內六角螺絲大一些　確認鑽孔深度　再以較小的鑽頭鑽穿　完成埋入式螺絲孔

(三) 開啟鑽床電源，瞄準要鑽的位置。

(四) 輕輕將鑽頭碰一下鋁板上的凹點後將鑽頭抬高一些，確認位置無誤後再慢慢向下壓。

(五) 快要鑽穿鋁板時要將下壓力量減小，並將鋁板固定好。因為鑽穿的瞬間，鋁板可能會隨著鑽頭旋轉。

(六) 鑽穿後，孔的兩側會有部分突出的鋁屑，很容易割傷。

(七) 手拿利用另一隻更大的鑽頭在此處旋轉幾圈，就可以將這些鋁屑修除。

(八) 因為使用上的需要，有時需要讓內六角螺絲頭埋入鋁板中。

如果要鑽這種螺絲孔，就要準備兩個不同大小的鑽頭，一支較螺絲頭大一些些，另一支比螺牙大一些些。

(九) 先以較大的鑽頭鑽到螺絲頭的深度。可以把螺絲倒過來放進已鑽好的孔內，檢查孔的深度是否足夠。

(十) 再以較小的鑽頭鑽穿鋁板。

(十一) 將鑽好的鋁孔兩側修除鋁屑後，就是專業級的埋入式螺絲孔囉！高級吧！

(十二) 要鑽埋入式螺絲孔的板子厚度得加上螺絲頭的深度，不能用太薄的板子，以免螺絲頭下方真正受力的板子太薄，造成螺絲孔崩落。

三、 改裝全天魚眼相機

相機鏡頭的焦距愈短，拍攝的角度愈廣。當鏡頭焦距短到一定程度之後，拍攝角度就可以達到180度，這種鏡頭前方鏡片多半會凸出來，很像魚的眼睛，所以又稱為「魚眼鏡（Fisheye Lens）」。一般的魚眼鏡拍攝出來的照片對角為180度，屬於對角魚眼鏡頭。

全天魚眼相機

改裝全天魚眼相機的幾個重點：

（一）35mm相機的鏡頭要改裝到67以上的片幅，67相機的鏡頭必須改裝到45以上的片幅。

（二）改裝的時候要注意鏡頭到底片的距離，必須和原來鏡頭與底片的距離相同。

（三）改裝的時候要注意鏡頭到底片必須要平行，否則會造成中央星點很好，而兩邊的星點呈橢圓形狀。

保持平行

與原相機的距離相同

對角魚眼鏡頭投影到底片平面上的時候，其實是一個圓形，但是因為底片是方形的，所以才會出現方形的照片。

如果我們能將底片加大，就可以將對角魚眼鏡頭投影出來的圓形影像完全記錄下來，這就是全天魚眼相機的原理。

為什麼叫全天呢？因為只要將這種相機朝向天空，就可以用一張底片將所有天上的東西拍下來，當然就可以把在全天上所有星星拍下來。

（四）改裝的部分必須完全隔絕光線，以免漏光造成拍攝失敗。

（五）因為天文攝影都是長時間曝

機身不透光　　　　　　　　　片夾擋板抽離後即可拍攝

光，所以如果自製的相機機身只是要拿來拍攝天文，就不需要另外安裝快門，直接利用67底片或是45片匣前的檔版開闔來控制曝光時間就可以了。

（六）最後在改裝好的相機本體不會影響強度的位置，做一個能夠鎖相機腳架的內牙，就可以放在腳架或是赤道儀上拍攝了！

當我們在2000年想要自己改裝全天魚眼相機時，還考慮到以後可以用不同廠牌的魚眼鏡頭，所以採取不固定鏡頭與底片距離的方式，而是採用螺旋方式來改變，以符合不同廠牌相機的設計。

剛做好的全天魚眼相機重量滿驚人的，一般小型赤道儀只要裝上它，大概就已經達到負載上限，這樣的重量在出國拍攝上造成極大的負擔。後來發現主體內部的鋁管是最能夠輕量化的部分，所以就在出國前將鋁管管壁鑽孔，在不影響強度的情況之下，達到輕量化1/3的目標！

加工後的鋁製品閃閃發亮的金屬光澤很美麗，但是內側的管壁如果會反光，就會造成光線在內側進行不需要的折射，產生「鬼影」。要解決管壁內側反光的問

XF-1

題，可以貼上植毛紙或是黑色不織布。但是，效果最好、施工最方便的，其實是昌任在國中時代用得最多的「模型漆」。

說到模型就不能不提到日本田宮，他所出產的模型漆當中，有一種編號為XF-1的，很適合用來消除內側眩光。

這是一種不會反光的黑色顏料，稱為消光黑。只要將鋁製品的內側均勻塗上這種顏料，完全乾燥之後，就可以抵抗不必要的光線折射，效果相當好！

國中時代的模型經驗，竟也在後來的天文路上派上用場，是完全料想不到的！

內側未塗消光漆

內側塗消光漆

第八課：失敗為成功之母

最後一課，一定要知道「失敗為成功之母」。萬一你拍出來的天文照片有下列的失敗情況，請不要太難過，因為下面所舉的例子都是我們的切身之痛，但是不能只是覺得遺憾，而要認真去反省造成失敗的原因，以及思考解決的方法，下次就可以快速的改進，避免一再的重蹈覆轍。

一、失焦

(一) 失敗原因：整張照片上的所有星點都呈現一樣的模糊。

(二) 解決方法：下次把焦距對好就好了。（可是有時就沒有下一次了…）

(三) 對焦方法：一般而言在做天文攝影時，會把焦距調在無限遠處，但為了精益求精，其實還是要對焦的，可是星星很暗，該怎麼做呢？傳統相機直焦點對焦方法如下。

1. 不要裝底片。如果已經裝底片了，就先按下機械式相機下方的底片釋放鈕，旋轉捲片桿，將底片慢慢捲回，直到聽到「卡」一聲，就不要再轉捲片桿了，此時將背蓋打開，底片就會留下一段尾巴，讓你下一次可以再裝回去使用。

2. 將望遠鏡轉對向亮星。

3. 按下B快門。

4. 打開背蓋。

5. 將磨砂玻璃放在壓片軌上，磨砂面朝向前方。

6. 將20倍以上的放大目鏡放在磨砂玻璃上。

失焦模糊

7. 調整放大目鏡的焦距，讓目鏡可以清楚看到磨砂面上的東西。

8. 鬆開焦距鎖定鈕，調整望遠鏡焦距，讓放大目鏡中的星點達到最小。

9. 將望遠鏡移至較暗的星星，再精確對焦一次。

10. 鎖緊望遠鏡的焦距鎖定鈕。

11. 裝上底片，準備拍攝。

望遠鏡鏡筒成分多為金屬成分，很容易因為溫度變化而稍微改變長度，連帶會影響焦距位置。最好能在調整焦距前就讓望遠鏡與室溫同溫。如果觀測期間內溫度變化極大，就要再次確認焦距是否正確，以免焦距改變後的影像都因為些微失焦而失敗了。

二、 結露水

按下底片釋放鈕

旋轉捲片桿

拉起捲片桿

打開背蓋底片留尾

放上磨砂玻璃

放大目鏡放在磨砂玻璃上

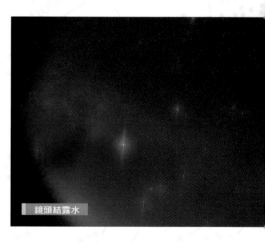

鏡頭結露水

(一) 失敗原因：照片上的亮星有十字光芒或是暈開的情況。

(二) 解決方法：下次溼氣重的時候，在鏡頭旁加個懷爐或是電熱絲，增加一點點溫度就可以了。

三、 腳架不穩

(一) 失敗原因：星跡呈現義大利麵般抖動。

(二) 解決方法：下次拍攝前將腳架上所有可以鎖的部分鎖緊，或是將腳架縮短一點。

四、 腳架被踢到

(一) 失敗原因：星跡變成錯開的兩部分。

(二) 解決方法：在腳架四周放一些紅光LED照向地面，讓別人知道這裡有一支腳架。

五、 未設定B快門

(一) 失敗原因：因為曝光時間太短了，底片上面沒有星星。

(二) 解決方法：提醒自己多注意囉！

六、 未完全過片

(一) 失敗原因：相鄰的兩個影像部分重疊。

這張在玉山國家公園拍的夫妻樹北天星跡，是那一次所拍星跡照片中顏色最美的一張，可惜因為不小心踢到腳架，變成殘缺的星跡啦！

（二）解決方法：檢查相機的機械構造是否有問題。

底片上浮造成這張獅子座照片的中間星點比較模糊。

因為底片未完全過片，造成底片兩兩之間有部分重疊。

八、 色差

（一）失敗原因：星點周圍出現一圈紅色或藍色。

色差

星點旁出現紅色或藍色，就是色差。

七、 底片上浮

（一）失敗原因：四周的星點呈現放射狀向外輻射，中央星點模糊。

（二）解決方法：避免將底片放在太過潮溼或乾燥的地方，或是將相機裝上底片吸引裝置。

(二) 解決方法：下次對焦再對準一點，如果情況依舊，那麼就是鏡頭的問題了。

九、 像差、像場不平坦

(一) 失敗原因：愈接近角落的星星，變形愈嚴重。

(二) 解決方法：

TAKAHASHI FCT-65的像差。

Sigma 28mm的鏡頭像差。

1. 鏡頭：收1～2格光圈。以最大光圈為1.4的鏡頭為例，將光圈收到2.8大概就可以解決這個問題。如果問題有改善，但是未完全消失，就要再將光圈縮小。

2. 望遠鏡：把要拍的目標放中間一點，不然就換支鏡筒吧！

十、 馬達裝錯線

(一) 失敗原因：很像星跡的照片，但是線的移動方向與一般的不同。

(二) 解決方法：在馬達的連接線

原本這張照片是要拍仙后座的，但因為將赤經、赤緯馬達的線插反了，等曝光結束時，仙后座已經變成仙王座了。此時的星跡不再平行，而會有交點。

神仙家族之首的仙后座與仙王座賢伉儷。

上標示赤經、赤緯。

十一、 選錯底片

(一) 失敗原因：某些底片對於昏暗環境下的紅光不敏感，拍出來的星雲變成泛藍色或泛綠色。

(二) 解決方法：換個天文攝影常用的底片。例如：Kodak E100S、Kodak E200、Fujifilm Provia 100F、Fujifilm Provia 400F。

十二、 光害破壞

(一) 失敗原因：底片泛著某個顏色的光，或是出現一整條特殊顏色的光。

(二) 解決方法：拍攝時注意避開有光源的方向。

十三、 追蹤系統失效

(一) 失敗原因：類似星跡的照片，但是星跡的其中一邊有較大的圓點。

沒看過這麼憂鬱（藍色…）的獵戶座吧？連紅色的鳥狀星雲都變成藍色囉！

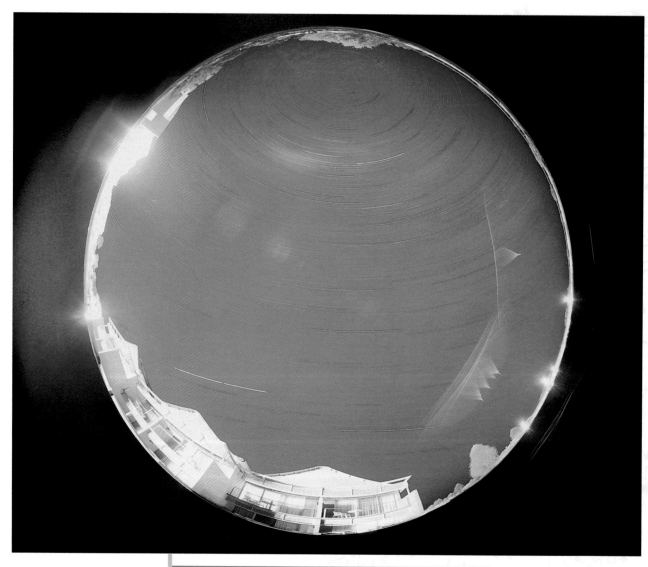

在澳洲艾爾斯岩飯店後方拍攝的全天魚眼照片，結果被附近的照明燈影響了。

(二) 解決方法：拍攝前檢查赤道儀電源是否充足，赤道儀的離合器是否鎖緊，以及儀器平衡是否正常、追蹤是否會卡到腳架等物品。

　　看完了這些，你會發現天文攝影是一項可以修身養性的活動，一定要按部就班，不能急、不能快，甚至是要很「龜毛」才能成功的！每次都要小心翼翼，因為任何一個地點、任何一個時間的星空都是獨特的，不只星星會自行，有些星星的亮度還會變動，另外還會受到天候狀況、人為因素、器材等影響而有所不同，所以絕對沒有任何兩張天文照片會一模一樣喔！

　　大膽去追求專屬於你的星空吧～

star

附錄

一、 認識星座盤答案與作法：

（一）從天頂畫一條線穿過天狼星，並且延伸到地平線。

（二）找到這條線與地平線的交點，以此時的天狼星為例，連線與地平線交於東南方再偏南一些的地方，代表此時的天狼星大概就在這個方位上（如果你買的星座盤附有詳細的方位角與仰角刻度的透明片的話　，要順著上面的弧線去推算方位，才是最正確的）。

（三）看看天狼星在連線上的位置與天頂及地平線的距離比例，以此時的天狼星為例，到地平線與天頂的距離幾乎相同，也就是説，現在天狼星就是在天頂與地平線中間附近，仰角就是45°左右囉！

（四）結合了方位與仰角，你就可以在12月17日0時的時候，在東南方偏南一些些的地方仰角45°左右的地方看到一顆亮星，那就是天狼星了！

二、 信不信由你──占星術的迷思答案：

是……巨蟹座啦！

三、 望遠鏡焦比答案：

焦比 = 焦距（f）÷口徑（D）= 530mm ÷ 106mm = 5

黄道十二宫

雙魚座 —

是兩隻尾巴相連的魚，上方的魚身較完整。

牡羊座 —

又稱為白羊座。像是一隻側面朝向右上方趴著的羊。

黄
道
十
二
宮

233

金牛座 ——

只露出頭到背部的金牛，有著V字型的金牛角，左方兩支為金牛的前腳，右方的牛背上有著藍色的昴宿星團。

雙子座 ——

是兩個感情很好、肩並肩坐在銀河旁戲水的兄弟。

巨蟹座 —

是一隻類似龍蝦的大蝦子，左下方是尾巴，右邊兩支是它的大螯，中間的蜂巢星團是被保護在肚子底下的卵。

獅子座 —

像一隻側面朝向右方趴著的獅子。

黃道十二宮

室女座 —

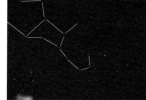

又稱為處女座。頭在右下角，
穿著向左上方延伸的長裙。

天秤座 —

象徵司法公正的天秤座就像
一個等臂天平。

天蠍座

紅色的亮星是天蠍的心臟，心臟上方是蠍子的螯，心臟下方為浸在銀河裡彎曲的尾巴。

天蠍座 Scorpio

人馬座

又稱為射手座。上半身是拿著弓箭射向右方天蠍座的人身，下半身是馬，中央偏左處還有像斗杓的南斗六星。

摩羯座

又稱為山羊座。右半邊為山羊頭，左半邊為魚的身體。中間的亮星是木星。

水瓶座

又稱為寶瓶座。照片右方有個橫躺的人，拿著水瓶倒出一大片水。

238

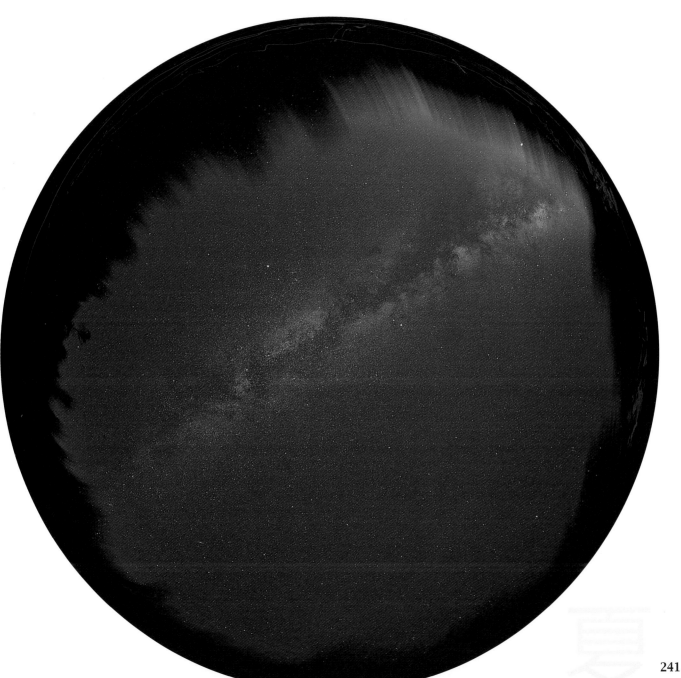

241

作者簡介

教書提供我們與學生分享觀星經驗的絕佳舞台。

有時我們會跟學生開玩笑的說：「在學校當老師只是個副業，我們真正的職業是在做自己喜歡做的事…就是推廣天文教育！」

對天文的熱情與傻勁，讓我們賺到了源源不絕的快樂。

吳昌任
國立臺灣師範大學地球科學研究所天文組碩士
曾任台北市立南門國中地球科學教師
現任台北市立南湖高中地球科學教師

林詩怡
國立臺灣師範大學地球科學研究所科教組碩士
曾任台北市立溜公國中地球科學教師
現任台北市立中崙高中地球科學教師

共同經歷
擔任觀星人雜誌編輯顧問群
擔任永和社區大學「星星月亮太陽」講師群
與傅學海等合著《星星的故事》一書
與魏毓瑩合譯《從哈伯看宇宙》一書

自然追蹤系列

追星族的天空奇緣：兩支瓶子帶您一起追尋天文夢

2005年10月初版　　　　　　　　　　定價：新臺幣450元
有著作權‧翻印必究
Printed in Taiwan.

著　　者	吳	昌	任
	林	詩	怡
發 行 人	林	載	爵

出 版 者　聯 經 出 版 事 業 股 份 有 限 公 司
台 北 市 忠 孝 東 路 四 段 5 5 5 號
台北發行所地址：台北縣汐止市大同路一段367號
　　電話：（02）26418661
台北忠孝門市地：台北市忠孝東路四段561號1-2樓
　　　電話：（02）27683708
台北新生門市地：台 北 市 新 生 南 路 三 段 9 4 號
　　　電話：（02）23620308
台中門市地址：台 中 市 健 行 路 3 2 1 號
台中分公司電話：（04）22312023
高雄門市地址：高 雄 市 成 功 一 路 3 6 3 號
　　　電話：（07）2412802
郵 政 劃 撥 帳 戶 第 0 1 0 0 5 5 9 - 3 號
郵 撥 電 話：2 6 4 1 8 6 6 2
印 刷 者　文 鴻 彩 色 製 版 印 刷 有 限 公 司

叢書主編	黃	惠	鈴
	陳	逸	茹
校　　對	郎	秀	慧
	陳	逸	茹
整體設計	陳	巧	玲

行政院新聞局出版事業登記證局版臺業字第0130號

國家圖書館出版品預行編目資料

追星族的天空奇緣：兩支瓶子帶您
一起追尋天文夢/ 吳昌任、林詩怡著．
--初版．--臺北市：聯經，2005 年（民 94）
252 面；20×20 公分．(自然追蹤系列)
ISBN　957-08-2921-4(精裝)

1.天文學-通俗作品

320　　　　　　　　　　　　　　　94018877

自然追蹤系列

黑面琵鷺

林本初著．定價280元

最完整紀錄黑面琵鷺從出生到遷徙的自然生態書。

賞蛙呱呱叫 (書+CD)

楊懿如著．定價350元

介紹台灣蛙類31種，自海平面到三千公尺都能發現他們的蹤跡。

近郊蝴蝶

徐堉峰著．定價380元

介紹55種蝴蝶的成蝶特徵、幼期特徵、寄主植物、生態習性、和近似種的區別。

有鳥飛過

劉伯樂著．定價450元

帶領你觀看台灣三十六科一百五十五種細膩、生動的野鳥生態，有三百五十張以上精采的鳥類圖片。

世界野鳥追蹤

柯明雄◎著 定價450元

全書內容：包括鳥的行為觀察、習性特徵以及環境的介紹，希望能和所有讀者分享親近大自然的樂趣。

小天才培養班

啓發兒童對科學教育的探索
滿足孩子的求知慾望

想像力漫畫猜謎
作者：金忠源
定價：250元

邏輯力漫畫猜謎
作者：金忠源
定價：250元

推理力漫畫猜謎
作者：金忠源
定價：250元

觀察力漫畫猜謎
作者：金忠源
定價：250元

12歲以前的讀書方法
漫畫／李廷和
文字／Uri Production
定價：280元

科學西遊記
作者：孫家裕
定價：280元

拜訪科學家
作者：孫家裕
定價：260元

神通小諸葛
作者：孫家裕
定價：260元

頑皮家族
作者：孫家裕
定價：260元

台灣風土系列

開發的故事
定價180元

民間信仰的故事
定價160元

習俗的故事
定價200元

海洋的故事
定價180元

河流的故事
定價 200元

動物的故事
定價180元

植物的故事
定價 200元

住民的故事
定價 180元

物產的故事
定價 160元

山脈的故事
定價 160元

聯經出版公司信用卡訂購單

信用卡別：　　　　　□VISA CARD　□MASTER CARD　□聯合信用卡

訂購人姓名：＿＿＿＿＿＿＿＿＿＿＿＿＿＿＿＿＿＿＿＿＿

訂購日期：　　　＿＿＿＿＿年＿＿＿＿＿月＿＿＿＿＿日

信用卡號：　　　＿＿＿＿＿　＿＿＿＿＿　＿＿＿＿＿　＿＿＿＿＿

信用卡簽名：　　＿＿＿＿＿＿＿＿＿＿＿＿(與信用卡上簽名同)

信用卡有效期限：＿＿＿＿＿年＿＿＿＿＿月止

聯絡電話：　　　日(O)＿＿＿＿＿＿＿　夜(H)＿＿＿＿＿＿＿

聯絡地址：　　　□ □□＿＿＿＿＿＿＿＿＿＿＿＿＿＿＿＿

訂購金額：　　　新台幣＿＿＿＿＿＿＿＿＿＿＿＿＿＿＿元整

　　　　　　　　（訂購金額 500 元以下，請加付掛號郵資 50 元）

發票：　　　　　□二聯式　　　□三聯式

發票抬頭：　　　＿＿＿＿＿＿＿＿＿＿＿＿＿＿＿＿＿＿

統一編號：　　　＿＿＿＿＿＿＿＿＿＿＿＿＿＿＿＿＿＿

發票地址：　　　＿＿＿＿＿＿＿＿＿＿＿＿＿＿＿＿＿＿

　　　　　　　　如收件人或收件地址不同時，請填：

收件人姓名：　　　　　　　　　　□先生

＿＿＿＿＿＿＿＿＿＿＿＿＿＿＿＿□小姐

聯絡電話：　　　日(O)＿＿＿＿＿＿＿　夜(H)＿＿＿＿＿＿＿

收貨地址：　　　＿＿＿＿＿＿＿＿＿＿＿＿＿＿＿＿＿＿

・ 茲訂購下列書種・帳款由本人信用卡帳戶支付・

書名	數量	單價	合計
		總計	

訂購辦法填妥後

直接傳真 FAX：(02)8692-1268 或(02)2648-7859

洽詢專線：(02)26418662 或(02)26422629 轉 241

網上訂購，請上聯經網站：http://www.linkingbooks.com.tw